DYNAMIC
MEDIA
DESIGN

动态
媒体设计

吴 洁 张屹南 著

江苏凤凰美术出版社

序言 002

引言

01 动态媒体设计可能是什么？ 006

第一部分
理论溯源与教学体系

02 历史视角：传承与创新 016
实践历程的四个阶段 016
教学历程的重要节点 025
本章小结 030
延伸阅读和课后作业 031

03 创作基础：理论与方法 032
动态转向和跨学科属性 032
基本特征和概念术语 039
设计原则和创作过程 044
本章小结 047
延伸阅读和课后作业 050

04 教学研究：基础与整合 052
系统的基本设计 053
组合渐进式的短小作品 056
本章小结 065
延伸阅读和课后作业 066

第二部分
要素研究与基础训练

05 运动观测：记录、转描和模拟 **070**

有效记录运动信息 070

运动信息的描摹转化 075

运动的模拟与再现 078

本章小结 081

延伸阅读、课程作业和作品案例 062

06 物体研究：隐现、解构和形变 **090**

时间维度中的物体 090

出现与消失 091

解构与组装 094

形态变幻 096

本章小结 100

延伸阅读、课程作业和作品案例 101

07 视听联觉：节奏、对位和转化 **112**

节奏与运动 113

音画属性间的对位关系 116

基于"声音可视化"的转化模式 122

本章小结 124

延伸阅读、课程作业和作品案例 125

08 时序编排：缩放、重置和并置 **134**

时间的本性和艺术加工 134

时序编排的基本方法 137

本章小结 140

延伸阅读、课程作业和作品案例 141

09   场域转换：运镜、过渡和转切   **146**

视角变化与神游   146

起承转合的艺术   148

本章小结   150

延伸阅读、课程作业和作品案例   151

第三部分

媒介整合与实验探索

10   机械之眼：观看与沉浸   **160**

人眼和机械眼并存的观看之道   160

虚拟和增强现实的沉浸感   161

本章小结   164

延伸阅读、课程作业和作品案例   166

11   动态装置：回归与实验   **174**

动态媒介与艺术跨界   174

技术的创造性运用   176

质朴而敏锐的时空观   177

本章小结   179

延伸阅读、课程作业和作品案例   180

参考文献   **184**

关键术语中英文对照   **192**

致谢   **198**

序言

按本书的定义，"动态媒体设计是设计学科在数字时代和运动有关、基于时间、不断变化的、探索具身性感知和体验的信息传达和互动交流的设计领域"。由于其设计、艺术和科技交汇的属性，动态媒体设计越来越成为一个充满创新与无限可能的设计方向。数字技术的发展、媒体形式的快速迭代和多样化，以及设计思想和方法的演进，让动态媒体设计展现出前所未有的活力与潜力。同济大学设计创意学院吴洁教授与张屹南副教授的《动态媒体设计》一书，就如同一个好用的导航软件一样，引领我们进入这一深具创意与挑战的神秘世界。

不少学者认为，用户体验是设计的核心之一。而动态媒体设计正是通过动态影像、创新传达和交互设计等方式，在功能需求、信息传达和互动交流过程中创造富有感染力的用户体验。在此过程中，数字技术不仅是工具，更是创意的催化剂。无论是历史视角的传承与创新，还是创作基础的理论与方法，本书自始至终都强调了技术与设计的紧密结合。也正是这种结合，推动了动态媒体设计这一专业方向的不断创新。在本书的教学方法、运动观测、物体研究、视听联觉、时序编排、场域转换、机械之眼等章节中，作者通过丰富的教学、实践和研究案例，生动地展示了动态媒体设计如何跨越学科边界，实现创意的无限可能和方法路径。

本书探讨了"设计如何通过可变的多重形态的演变以适用于多种场合，包括真实、虚拟、线上、线下等复杂融合环境"。近20年来，动态媒体在各种媒介平台、工业产品和生活场景中得到广泛应用，深刻地影响了产业和我们的生活方式。在AR（增强现实）、VR（虚拟现实）、MR（混合现实）、AIGC（生成式人工智能）等前沿技术的推动下，动态媒体设计迎来了新的发展机遇。

AR和VR技术在动态媒体设计中的应用，使得设计作品不再限于平面或屏幕，而是延展到三维空间，创造出沉浸式的用户体验。人工智能的引入，更是从根本上解放了动态媒体设计的技术束缚，极大地拓展了设计师的创作空间和创作手段。元宇宙的概念，更是为我们描绘了一幅以突破时空限制、真实沉浸感、创新价值传递为特征的全新数字化生存图景。在这个虚实结合的世界中，动态媒体设计不仅是一种视觉艺术，更是一种构建新型社交与生活方式的工具。"如何通过设计，有意识地影响人们的情感与心理体验？"本书对人性与设计关系的深刻理解，使得本书不仅是一本技术手册和教学笔记，更将这种思考上升到设计哲学的层面。

科技在变，媒体在变，设计在变，动态媒体设计这一设计方向也无时无刻不在迭代。与专业界和产业界生机勃勃的实践相比，设计院校的专业性更多地体现在探索性和实验性上。我在2012年提出的"立体T型"的创新设计人才培养模式，就是希望学生通过大学的学习，实现"专业和学科能力为主的垂直能力"和"跨学科整合知识的水平能力"的有机结合。需要指出的是，这里的专业能力，并不等于行业能力。在大学校园里的学习和研究，青涩性、碎片性、观念性和创新性应该是最可宝贵的特征。这些特征，我们都不难从本书的学生作品案例中真切地感受到。

最后，说点比较个人的感受。这是我第二次为吴洁教授的著述写序，吴洁教授和张屹南副教授都是我非常敬佩的同事。"敏于事,慎于言"，厚积薄发是两位老师的共同特点，但桃李不言，下自成蹊。每隔一段时间，我们都可以看到她（他）们的新成果。不管是设计、教学还是研究成果，都让我有常学常新的快乐和惊喜。"微斯人，吾谁与归？"

娄永琪 教授

同济大学副校长
英国皇家艺术学院荣誉博士
瑞典皇家工程科学院院士
2024年6月1日

引言

01 动态媒体设计可能是什么？

1
吉尔·德勒兹、菲力克斯·迦
塔利.《什么是哲学》，2007：
231。

动态媒体设计（dynamic media design）这一艺术、设计学科中新兴领域的概念定义或称呼，至今也尚未在学界或业界形成共识，人们往往因时代、相关学科领域、应用场景等不同而使用不同的名称。其中常常被提及和使用的，还包括动态图形（motion graphic design）、运动图形或动态图形（motion graphics, moving graphics）、运动设计或动态设计（motion design）、活动图像或动态影像（moving image, motion pictures）、时基媒体（time-based media）、运动媒体（motion media）、运动媒体设计（motion media design）、动态媒体传达（dynamic media communication）、为动态而设计或为运动而设计（design for motion）、设计中的运动（motion in design）等［图1.1］。

但如果借用法国哲学家吉尔·德勒兹（Gilles Louis Réné Deleuze，1925—1995）和菲利克斯·迦塔利（Pierre-Félix Guattari，1930—1992）的论述，"任何概念都是一个振动中心，每个概念本身如此，概念与概念之间亦如此。因此一切都在共振，并非此起彼伏，也不是相互感应"[1]，那么这一概念不可避免与其他相关概念和名称在不同时空产生不同程度的共振。

而本书在众多术语中使用"动态媒体设计"，则是试图回应当今以数字化、媒体化、动态化为代表的时代精神。在英文语境中，dynamic和物理学的力学、动力学相关，意味着动力的、动态的，引申为"不断变化的；有活力的"。而media这一概念（medium的复数形式），既指记录、存储、传播信息的物质形态的介质、材料和工具，也指无形的形式、手段和方法，或特指传播学领域大众传播的载体、技术和组织机构，又或者在有神论中指能够通灵的人。而自20世纪90年代进入数字互联时代，更是万物皆媒。

图1.1 动态媒体设计相关术语及学科

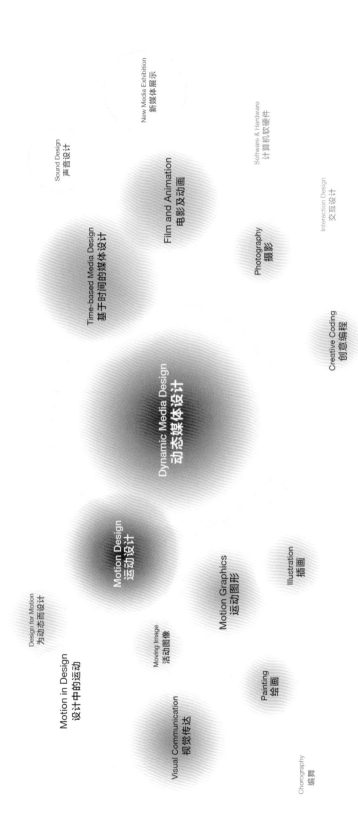

New Media Exhibition
新媒体展示

Software & Hardware
计算机软硬件

Sound Design
声音设计

Film and Animation
电影及动画

Interaction Design
交互设计

Time-based Media Design
基于时间的媒体设计

Photography
摄影

Creative Coding
创意编程

Dynamic Media Design
动态媒体设计

Motion Design
运动设计

Motion Graphics
运动图形

Illustration
插画

Design for Motion
为动态而设计

Moving Image
活动图像

Motion in Design
设计中的运动

Painting
绘画

Visual Communication
视觉传达

Chorography
编舞

2
原本并没有包含维度信息的
英文graphic design，直译应为
"图形设计"，但通常译成
"平面设计"，形成语义上一
定程度的误读。

而在当今设计学科的语境下，动态媒体设计有三重含义：

- 其一，从发展脉络层面上指基于时间（time- based）之上的设计；
- 其二，从感知层面上指以多种方式——不仅是视觉，也是听觉、触觉等多感官协同作用下，对运动和变化的信息的记录、传递、交流和体验；
- 其三，从思维层面上指设计并非只有一种固定不变的形态，而是具有可变的多重形态（multi-form）的演变以适用于多种场合，包括真实、虚拟、线上、线下等复杂融合环境。

从这个意义上，我们暂且认为动态媒体设计是设计学科在数字时代和运动有关、基于时间、不断变化的、探索具身性感知和体验的信息传达和互动交流的设计领域。

本书主要内容也是基于我们在世纪交汇之时，人类社会进入数字时代的背景下——以设计的功能性需求为导向，以信息传达和互动交流为目的，以平面设计、视觉传达、动态影像的设计原理为基础，以计算机作为新的设计工具和技术为起点，整合多感官媒介——而开始的相关设计教学实践、研究和思考的记录。

设计学科中和信息传达最直接相关的是平面设计（graphic design）[2]。传统的平面设计主要是基于印刷媒介，通过对文字、图形、图像、符号的设计及其编排来传达信息。而数字时代的平面设计则从纸面延伸到计算机屏幕甚至虚拟空间，而且信息本身由静态向动态发展，在这一背景下平面设计演变为视觉传达设计（visual communication design）。对设计师而言，不仅需要设计和编排文字、图形、符号、图像，还包括声音、影像、动画，甚至空间和行为等；也就是说，不仅设计的对象、内容、形式和应用场景发生了变化，同时设计工具、设计过程、设计语言等都发生了改变。而对于传统意义上的信息接收者（受众）而言，则经常需要同时运用多种感知方式来阅读、传播和交流信息。在这一语境下，平面设计或视觉传达设计还需要从其他艺术设计学科中寻找理论、方法、技术等支持，如影视艺术、音乐、表演、创意编程等。动态媒体设计正

是这一变化中的产物。

设计发展的历程显示，设计的新思想、新方法、新工具、新需求、新形式、新美学等很多后来成为设计历史中重要组成部分的事物，最初往往并非出于设计师的主动创新。譬如，狭义的动态媒体设计的发展之路，就是受到20世纪60年代西方社会中电视在大众中普及所推动。当时电视上大量播放的是各类影像类的新闻、娱乐节目和商业广告，而这时传统印刷时代应用于书籍、报纸的静态的信息编排、设计方式，就显然不能很好适应这一新的信息形式在传达效果和效率上的需求。此外，电视台、电视节目作为当时的"新媒体"，其机构以及节目本身也需要进行广而告之。新的需求、功能和内容加上新的电子显现媒介，亟须新的设计方法、新的设计语言和新的设计人才。于是，初期大量的动画、影视背景的工作室、公司开始开拓这一领域，并将动画、影视中的创作方法和原理等引入电视相关的设计领域。相反，初期传统平面设计师的参与则相对较少。之后，随着电视、计算机、互联网的发展，电视广告、电影片头、短视频、交互界面等都成为信息传达的新内容和新形式，信息的交流、传播方式也发生了巨大变化。

在追求更快、更高、更远的快速发展时期，信息传达的方式有无限的可能。但同时，巨量的快速流动的信息，使得人们很难长时间驻足，也使得信息的传达者想方设法地去抓人眼球，动态的设计作品在一定程度上满足了这一需求。在我们的城市空间，闪动的电子屏幕充斥着大街小巷，走动字幕的横屏取代了以前的横幅，商铺的广告屏幕更是无处不在，小到店铺门口的广告屏，大到覆盖巨大建筑立面的投影或者LED屏。而和我们有亲密接触的，以手机为代表的移动终端，或者是家用计算机屏幕端上，短视频因其拍摄、制作、传播技术难度的下降，又因为其真实直接地反映、传达信息，对信息的传播更是起到了推波助澜的作用。

在对动态媒体作品的广泛而迫切的社会需求下，出现大量平庸的、过于商业化和娱乐化甚至哗众取宠的作品也是不可避免的。但这些都不应该是我们反对动态媒体设计的理由，它不比其他任何形式的艺术设计更好，但也不能说更糟。然而，动态媒体作品的设计者却比其他领域的设计工作者更加辛苦——不仅意味着需要投入更多学习和创作的时间、精力、设备成本，还要面对更为复杂的实施和商业环境。

就创作过程而言，设计师因自身的受教育背景、创作习惯等原因，可以因人而异。譬如平面设计师，因为项目需要有动态的部分，那么往往会先平面概念，再发展动态。传统的平面设计中也可以表达时间和运动，也可以叙事——简述事件（故事）的前因和后果，但是却没有办法直接地表达，因此这一过程往往会受到一定的限制。因此，当前有些设计师尝试先有动态概念，也就是动态概念优先于平面设计概念，可以直接地进行叙事，在时间线上工作。

但对我们而言，动态媒体设计作品不仅有其功能性，还有其艺术性。动态媒体设计大师不仅可以和其他领域的大师——平面设计大师、产品设计大师、画家、音乐家、建筑家、电影大师一样，同时还可以比作思想家——他们运用所有的媒介，包括像颜料、材料、文字、图形、图像、声音、影像、代码等进行创作和思考。

而在艺术设计教育领域，动态媒体设计最初主要在平面设计或视觉传达设计学科的教学中开展，发展至今已经从学科的前沿逐渐成为设计基础教学的一部分，动态媒体设计作为当代设计师的基本素养也正逐渐成为教育界的共识。

动态媒体设计的教学相对实践应用来说时常是滞后的，但不可否认的是，教学时常具有实验性和探索性，因此两者之间形成了互补的关系。在大学中，教学和研究是不可分的，研究结合教学，教学同时也是研究，因此教学中必然会涉及动态媒体设计的历史、概念界定、分类和分析等多角度、跨学科的研究。

传统的相对固化的设计基础教学模式已经被当今的设计教育者所诟病，其将设计基础划分为字体、图形、色彩、平面构成、立体构成的教学模式，在一定程度上割裂了各模块之间的关系，并且被固化，这不仅仅是教学方式的固化，也是教学思想的固化。当一种方法、审美成为范式，必定需要重估其价值，进而打破网格和既定框架进行颠覆。特别是像动态媒体设计这类综合性较强的跨学科领域，相对静态的由上而下的结构主义（structuralism）[3]的教学方式过于强调学科的系统性和结构性，缺乏动态性、灵活性，较难增加新的模块来适应新的学科发展。因此，在当前的设计教育中，有必要引入并倡导基于由内而外的建构主义（constructivism）[4]认知理论的针对主题或问题的项目制教学模式。

但事物又是矛盾的，完成项目的过程需要有全面整合的整体性视角和能力，而这需要很长时间的知识、经验、技能、学养等的积累过程。实际的某个课程往往是在限定时间内达成某一目标的教学过程，是整体的人才培养中的一个环节。但当缺少基础模块的学习和训练时，作为整体的项目概念或问题解决方案等会犹如空中楼阁般经不起推敲。

因此，在动态媒体设计教学实践中，我们要秉承这两个过程并存和混合的原则，这是一个结构和建构此消彼长、相辅相成的过程。一方面，对整体进行拆解分析，试图从中找出一些基本要素，或者至少是对拆解出的要素进行分类，不管是按照时间、功能、符号还是媒介技术等分类标准。另一方面，强调创作过程的整体性，因为实际的创作过程是围绕整体概念而展开的。而整体同时是作为在有限条件下的开放系统，其中的任何元素都是围绕概念而变化的，任何元素的变化都将影响其他元素，也在一定程度上影响概念本身及创作本身。因此我们的课程尝试在整体框架下进行布局，课程包含若干子课题，各子课题之间相对独立又互相关联、支撑。

本书的课题案例大部分来自我们为同济大学媒体与传达设计专业本科学生开设的"动态媒体设计基础"课程。课程最初是伴随着千禧年前后三维动画的崛起，为了将时间这一维度引入传统的静态设计的迫切需求而开设；进而拓展到整合了声音和其他媒介的更为综合的范畴；在经历了较长时间的探索实践之后，近期目标则逐渐转向了开始回溯动态媒体设计的源初脉络，并尝试将之与最新的媒介技术和文化环境产生关联。

动态媒体设计课程的内容和教学系统经过近二十年的教学实践和探索，仍在不断更新和完善。从刚开始的技术和应用导向，到之后对动态媒体设计

3
结构主义是发端于19世纪的一种方法论，已成为当代世界的重要思潮。针对当时现代文明分工过细、只求局部、不讲整体的"原子论"倾向，有部分学者渴望恢复自文艺复兴以来中断了的注重综合研究的人文科学传统，因此提出了"体系论"和"结构论"的思想，强调从大的系统方面来研究它们的结构和规律性。

4
建构主义是一种关于知识和学习的理论，强调学习者的主动性，认为学习是学习者基于原有的知识经验生成意义、建构理解的过程，而这一过程常常是在社会文化互动中完成的。建构主义的最早提出者是瑞士心理学家皮亚杰，其所创立的关于儿童认知发展的学派被人们称为日内瓦学派，认为儿童是在与周围环境相互作用的过程中，逐步建构起关于外部世界的知识，从而使自身认知结构得到发展。

语言的讨论，希望寻找其独有的特征和要素，近期从多个维度对于动态媒体设计教学系统的搭建，也是一个动态变化的过程。另外，这一课程本身已经从高年级的高阶课程发展成为低年级学生的基础课程——初步了解设计的时间维度和引入动态思维。并且这门课程的部分内容，还尝试作为基础媒体素养课程的一部分，为高中生、大学本科生和研究生等不同专业背景、不同年龄阶段和不同学习阶段的学生开设过。

本书主要分为基石、要素和整合三个部分，共十一个章节，涵盖了这一教学实践发展至今的教学思想、理论研究、实验方法、课程讲义、课程组织、历年课题、课程总结、学生作品等基础资料和成果，同时记录和整理了思考和实践的过程。

第一部分从历史发展、理论基础、创作实践和教学理念等多个角度审视和探讨动态媒体设计的一般规律。希望通过回望历史，从传统中汲取动力，回归到动态媒体设计的最初愿景，并且思考未来的发展方向和如何为之做相应的准备。

第二部分通过系统分解，发现动态媒体设计的基本特征和要素，总结动态媒体设计的基本语言。在研究中，我们越发明确了基本语言的力量，这是前人积累的结果，是我们研究和教学的起点，也是终极目标。

第三部分面对当今时代的复杂环境和变化——包括设计需求的变化、技术的变化等，探讨动态媒体设计会以、以及可能以怎样的面貌呈现。尝试在历史发展基础上，以当代科学技术、艺术人文成果为手段，通过对基础语言创造性的运用，以解决当下社会问题和需求为目标，而追求有所创新。

书中每一章节的正文后面会包含延伸阅读部分。推荐的这些书籍或其中的章节、文章等涉及相关定义、历史资料、教学课程、综合研究成果、艺术实践或技术成果等内容，是本书这一章节内容的起点。我们从中学习并汲取了大量养分，鼓舞和启发了本书所涉及的教学和研究，因此推荐给大家去寻找原作或原文进行深入阅读，以获取更详细的信息。

而章节最后的课后作业或者课程作业，其中所提出的议题或涉及的主题并没有标准答案，借此希望和大家共同探讨。所有正文中引文的出处以及相关补充信息，在注释中尽量详尽列出，可能略显啰唆繁杂，但犹如讲课时经常会冒出来的旁枝末叶，虽然并非主体，但是可能会打开另一扇门——这往往也是研究、学习和教学的乐趣所在。

本书是我们之前教学、研究过程的汇总，不能也无法包括全部，但还是希望对从事视觉传达设计、动画、多媒体、影视制作、广告短片创作、新媒体影像、游戏、互动展示、媒体传播等相关领域的实践或教学工作的专业人士；或是相关专业的学生，抑或对新兴媒介领域的作品感兴趣，而希望更深入了解创作过程，并尝试进行日常创作、记录、研究、教学的人士，能有所帮助并能尝试逐步建构自身研究和实践的框架，和我们共同不断扩展动态媒体设计这一领域的内涵和外延。

第一部分

理论溯源与教学体系

02　历史视角：传承与创新

03　创作基础：理论与方法

04　教学方法：基础与整合

02　历史视角：传承与创新

设计随着时代的发展而变化，如果想要明晰其发展方向，一种方法是从历史的角度观察设计趋势，另一种方法是回归基本问题，从理性分析中获得结论。如果说历史是时间轴上的认识过程，那么理论则是通过事物纷繁复杂的网状结构中的重要联结点认识世界。但这两点往往在学习的初期会被忽略掉。通常学生会被最新的作品所吸引，希望通过相关学习也能创作出同样有吸引力的作品。而他们经过一定时间的学习，收获了初期创作的成就感之后，希望进而能有所突破时，却发现不少案例似曾相识，创作形式雷同。那么，下一步的方向在哪里呢？

学校教育的主要目标之一是为未来培养人才，而学科——特别是社会人文、艺术设计学科——教学内容中的很大一部分却是历史和理论。但正是在这看似悖论的"过去—现在—未来"循环和重组中，人类社会才不断地拓展对世界的认知，因为事物发展是不断积累的过程。认识过去，才能明了未来，对事物的认知也才是有根有据的。艺术、设计领域的原创也必须是在了解前人的努力和尝试的基础上的原创。从这个意义上，我们其实在动手实践的同时就需要系统学习和研究历史与理论，从中批判性地吸收养分、寻找突破点。在此，我们首先简要回顾一下动态媒体设计创作实践和专业教学的发展历程［图2.1］。

实践历程的四个阶段

狭义的动态媒体设计创作实践主要是电影电视发展的产物，自20世纪50年代至今经历了四个主要发展阶段。

电影电视屏幕上的运动图形

动态媒体设计发展的第一个阶段主要指从20世纪50年代到90年代初。这一阶段，首先是动态设计将电影片头（film title）从之前仅仅是简单的以文字的形式向观众展示片名和演职员的信息设计提升到了艺术的高度，之后动态设计则在电视屏幕这一舞台上大放异彩，拉开了动态媒体设计发展的大幕。

首先是20世纪50年代，以索尔·巴斯（Saul Bass，1920—1996）为代表的设计师成功地在片头设计中将抽象图形、平面设计和电影叙事紧密结合，为影片铺垫了视觉风格和整体基调，犹如书籍的前言或者交响曲的前奏般引导观众迅速进入故事的氛围之中，有的电影片头甚至具备了一部可以独立存在的迷你小电影的特质。里程碑式的作品包括索尔·巴斯为电影《金臂人》（*The Man With The Golden Arm*，1955）和《惊魂记》（*Psycho*，1960）设计的海报和电影片头，以及和约翰·惠特尼（John Whitney，1917—1995）一起运用经过后者改装的计算机设备合作完成的电影《迷魂记》（*Vertigo*，1958）的片头[1]。约翰·惠特尼在此后于1960年成立了动态图形公司（Motion Graphics, Inc.），这也成为"动态图形"这一术语的起源，他本人则被称为计算机实验动画的先驱。

索尔·巴斯的成功影响了整个电影片头设计的发展，成为这一领域的重要里程碑。他的后继者包括：为《奇爱博士》（*Dr. Strangelove*，1964）和《发条橙子》（A *Clockwork Orange*，1971）设计了片头的巴勃罗·费罗（Pablo Ferro，1935—2018），成功设计了《诺博士》（*Dr. No*，1962）片头而奠定了之后所有《007》系列电影片头风格的莫里斯·宾德（Maurice Binder，1925-1991），为《七宗罪》（*Se7en*，1995）设计片头的凯尔·库伯（Kyle Cooper，1962- ）等。

20世纪60年代至80年代，对西方国家来说是电视发展的黄金时代。随着录像技术以及通信技术的发展，电视节目除了播放电影、电视剧等事先录制好的内容，还能进行实时转播，电视逐渐替代报纸、广播成为最受欢迎的大众传媒。各大电视台和电视节目之间的竞争日益白热化，电视

1

Art of the title, "designer: Saul Bass", https://www.artofthetitle.com/designer/saul-bass/, 访问时间2021-05-20.

图2.1 动态媒体设计的实践和教学发展历程中的重要里程碑事件

摄影的发明
Invention of Photography

1826年尼埃普斯运用在白蜡板上敷沥青的方式获得了人类拍摄的第一张照片。1839年，达盖尔公布了银版摄影法，推动影像时代的到来。

手调电影放映机
Cinématographe

1895年卢米埃尔兄弟改造爱迪生的活动电影放映机（Kinetoscope），设计出了可以每秒显示16帧的手调电影放映机。

电视机发明
Television

英国工程师约翰·洛奇·贝尔德（John Logie Baird）发明第一台具有使用价值的电视机，通过发送端将图像参数转换为电信号。

ENIAC电子计算机
ENIAC electronic computer

二战期间，英美德等国的科学家加速了计算机的研发，1946年莫齐利和艾克特研制成功具有里程碑意义的数字通用电子计算机ENIAC。

| 1826 | 1878 | 1895 | 1919 | 1925 | 1941 | 1946 | 1960 | 1964 |

早期活动图像装置
Early Moving Image Installation

1820年代，帕里斯发明了"幻影转盘"，一种能产生动态幻像的简单装置。1832年普拉图发明的有更多序列图像构成的装置"费纳奇镜"受到广泛传播。在此基础上，西洋镜、旋转镜等更多装置陆续发明，为电影的诞生提供了灵感。

赛马影像实验
The Horse in Motion

1878年，英国摄影师迈布里奇发明了一组由照相机组成的装置，捕捉到了马匹奔跑时四蹄同时离地的瞬间。

包豪斯学院成立
Staatliches Bauhaus Established

1919年德国魏玛成立"国立包豪斯学院"（Staatliches Bauhaus），标志着现代设计教育的诞生，对设计发展产生了深远的影响。

电影胶片拍摄
Film Shooting

1941年诺曼·麦克拉伦的实验短片《邻居》获得奥斯卡最佳动画片奖，开创将电影胶片作为影像、声音表达媒介的先河。

动态图形实验动画
Motion Graphics Animation

1960年计算机实验动画先驱约翰·惠特尼成立动态图形有限公司；Motion Graphics Ins. 公司名也成为了"动态图形"这一术语的起源。

1964

"媒介即讯息"
"The Medium is the Message."

1964年麦克卢汉在《理解媒介：论人的延伸》一书中发表著名的"媒介即讯息"理论，成为影响广泛的媒介观。

《基本设计：视觉形态动力学》
Basic Design: The Dynamics of Visual Form

1964年莫里斯·德·索斯马兹出版《基本设计：视觉形态动力学》一书，将运动和变化引入关于视觉形态创造的教学中。

《电影+设计》
Film+Design

1968年，冯·阿克斯在巴塞尔设计学院开设"电影图形"课程；1983年将教学成果汇集出版成书《电影+设计》。

媒介技术发展史

Dynabook计算机原型
Dynabook Computer Prototype

1977年美国计算机科学家艾伦·凯在施乐帕洛阿尔托研究中心工作时创作出了个人动态媒体计算机原型Dynabook，将数字计算机视为"元媒介"。

苹果麦金塔台式电脑
Apple Macintosh

1984年，苹果推出了革命性的Macintosh电脑，其所见即所得的操作系统集成了当时人机界面互动设计的研究和设计成果。

Adobe After Effect软件
Adobe After Effect Software (AE)

1993年Adobe公司推出了After Effects软件，系第一款在个人电脑上制作动画、合成和特效的软件。

苹果初代iPhone
First iPhone Product

2007年苹果发布了初代iPhone，掀起了移动终端用户界面和用户体验设计（UX/UI）中融入动态设计的新趋势。

Chat GPT-4语言模型发布
OpenAI GPT-4 Language Model

2023年美国人工智能研究实验室OpenAI为聊天机器人ChatGPT发布了GPT-4语言模型。

1977　1984　1986　1993　2000　2007　2018 2021 2023

相关设计实践

媒体策划行业发展
Development of Media Industry

1986 年 Pittard & Sullivan 媒体策划公司成立，其作品为电视包装设计建立了行业标准。

世博会中的动态媒体设计
Dynamic Media Design in Expo

从 2000 年汉诺威世博会开始，到其后的 2005 年爱知世博会，再到 2010 年上海世博会，全球动态媒体设计的最新技术和优秀创意在国际化舞台上得到了集中展示。

"元宇宙"热潮兴起
The "Metaverse" Fever

2021 年起，"元宇宙"成为技术领域和公众讨论的热点，人们开始进一步构想、搭建能与现实世界交互的、具备新型社会关系的虚拟空间……

2001　2008　2018

理论与教育观念

《新媒体的语言》
The Language of New Media

2001年，列夫·马诺维奇出版《新媒体的语言》，考察了数字影像、人机交互、软件操作、数据库、超媒体等新媒体领域。

《媒体考古学》
Media Archaeology

2002年，齐林斯基出版《媒体考古学：探索视听技术的深层实践》，书中提出媒体考古学的概念。

《动态设计教学》
Teaching Motion Design

2008 年，史蒂芬·海勒和迈克尔·杜利编辑出版《动态设计教学》。

《动态设计理论和实践》
The Theory and Practice of Motion Design

2018 布莱恩·斯通和利亚·华林出版《动态设计理论和实践》。

台标识（station identifications，简称台标Station IDs）、节目包装（show packages）、商业广告（commercials）、音乐视频（music video，MV）等的设计和制作需求应运而生，从而推动了更多有创意的设计师投身这一领域，探索将视觉设计和影像语言结合起来。

其间，1977年成立的R/Greenberg Associates（现改名为R/GA）为电影电视行业创作了大量作品，并开始尝试使用计算机设计电影特效、电视广告等，同时培养了大量后继人才。20世纪80年代美国成立的MTV音乐电视网，为当时以实时新闻、商业、大众娱乐为特点的电视大众媒体注入了新的艺术内容和审美，也同时进一步推动了流行音乐的大发展。80年代中期成立的皮塔尔·和沙利文媒体策划公司（Pittard Sullivan，1986—2001），可以说为电视包装设计树立了行业标准。电视包装设计和电影片头设计的不同之处在于，电影片头是为某部电影度身定制的，而电视包装设计，则需要考虑适用性、可变性、实时编辑等特性。譬如，动态台标经常需要在不同节目之间的空当插播，那么其设计既需要有独立性，又需要考虑能和不同节目具有一定的协调性；而某一具体节目中间用于提示人物身份等信息的下横栏设计更是需要考虑其千变万化的背景情况，既具有可识别性又具有广泛的适应性，因此设计师会提供同一概念下的几个版本的设计内容，供不同情况下实时选择。

正是在这一点上，我们通常说狭义的动态媒体设计开始于20世纪的五六十年代——电视和家庭录像机开始在西方国家中普及，传统平面设计领域由静态转向了动态，由纸质媒介向电子屏幕媒介转化；相对于基于印刷媒介的静止的平面设计，电影电视屏幕上呈现给观者的是一些不断运动或改变形态的文字、图形、图像等，这类设计被归为动态图形（motion graphics）或动态图形设计（motion graphic design）。这一时期，基于录像技术和电视屏幕的，以及一些没有非常明确应用目的、以实验和表达为主的影像作品，通常被称为录像艺术（video art）；或者是因其突出时间维度——通过在时间轴上巧妙改变图形图像的顺序，以具有表现力和吸引力的方式来揭示变化的内容形式，被称为基于时间的艺术设计作品，简称时基艺术（time-based art）。

动态媒体设计发展历史中的这一阶段，计算机正经历着从大型机向个人电脑发展的变革，只是还处在少数人使用的阶段。20世纪70年代，计算机科学家艾伦·凯（Alan Kay，1940- ）[2]等在施乐帕洛阿尔托研究中心（Xerox Palo Alto Research Center，Xerox PARC）[3]工作时构想了只有笔记本大小名为"Dynabook"的作为个人动态媒体（personal dynamic media）的计算机原型的各种可能性。他认为，"任何信息都是某种想法的模拟物，可以是具象的，也可以是抽象的。媒介的本质在很大程度上取决于信息的嵌入、更改和查看方式。尽管数字计算机最初是为了进行算术计算而设计的，但模拟任何描述性模型细节的能力意味着，如果提供了足够好的嵌入和查看方式，计算机可以被看作是其自身的媒介"。因此，计算机是一种元媒介（metamedium），并且"具有主动性——可以对查询和实验做出回应——这样，信息就可以让学习者参与到互动对话中。而在此之前，这一特征只有当独立的教师作为媒介进行教学时才会出现。我们认为其影响是巨大而引人注目的。"[4]

1984年，苹果推出革命性的Macintosh电脑，其所见即所得的操作系统集成了当时人机交互界面设计（human-computer interface design，HCI）的研究和设计成果。至20世纪90年代初期，计算机在设计中的应用逐步扩大，对设计的影响力也与日俱增。

计算机屏幕上的动态设计

从20世纪90年代中后期到21世纪的第一个十年中，随着数字时代的到来、计算机普及和网络通信技术的发展，动态图形图像的生成方式和传播媒介都发生了改变，进而产生了相应的新的内容、形式、审美和文化。1993年Adobe公司推出了After Effects软件，这是史上第一款在个人电脑上制作动画、合成和特效的软件。它对动态图形图像制作的广泛影响，可以与Photoshop和Illustrator对摄影、插图和平面设计的影响相提并论，从而开启了计算机屏幕上的动态图形图像设计的时代。三十年后的今天，After Effects软件依然被广泛使用，它已经从技术、工具范畴发展成了新的设计语言，进而影响了审美和社会文化。

2

当前笔记本电脑和平板电脑都起源于艾伦·凯提出的"Dynabook"的早期概念。为了找出一种与新的计算机媒介互动的方法，艾伦·凯与合作者创建了图形界面和Smalltalk编程语言，后来发展成为完整的集成编程环境，具有调试器、面向对象的虚拟内存、编辑器、屏幕管理和用户界面，是第一个动态的面向对象编程语言。艾伦·凯因此成为2003年度图灵奖获得者。

3

1970年成立于美国加州帕洛阿尔托，是施乐公司最重要的研究机构。该中心是许多现代计算机技术的诞生地，它们的创造性研究成果包括：个人电脑Xerox Alto、激光打印机、鼠标、以太网、图形用户界面、Smalltalk编程语言、页面描述语言Interpress（PostScript的先驱）、图标、下拉菜单、所见即所得的文本编辑器、语音压缩技术等。官网：www.parc.com。

4

Alan Kay and Adele Goldberg, "Personal Dynamic Media", Computer, 1977 (3): 31.

进入20世纪90年代中后期，80年代发展起来的基于计算机网页的响应式的互动设计（interactive design）或人机界面设计随着计算机的逐渐普及，多媒体应用程序和网页设计成为动态媒体设计有代表性的新应用和新内容，这一情境下观众或用户成为屏幕上动态变化的参与者和始作俑者。

而进入21世纪，伴随着数字网络时代的到来，特别是移动互联、虚拟现实等技术的成熟和普及，为人类提供了另一种现实的图景，将视觉和交流的体验带入新的境界。

信息不再受困于印刷表面，活跃的、变化的屏幕无处不在。各大展览纷纷将经典作品或内容，制作成可以互动的动态作品，吸引着年轻人和儿童重新认识经典和传统。各大电影节、广告节和艺术节，纷纷展示和推广着优秀的动态作品。继绘画、雕刻、建筑、音乐、诗歌（文学）、舞蹈、戏剧、电影之后，以互动为特色的电子游戏更是被称为 "第九艺术"。

可以说，这一阶段随着计算机软硬件的高速发展，动态媒体设计广泛应用于实验影像、动态广告、电视和电影标题设计、多媒体舞台表演、品牌形象设计、产品界面、动态数据可视化、展示设计、环境图形、互动装置、游戏、网页、移动端应用程序App设计等各个领域。

动态媒体设计发展的第二阶段中代表性的事件和现象，如从2000年汉诺威世博会开始，到其后的2005年爱知世博会和2010年上海世博会，世博会的各国或各个主题展厅成为全球动态媒体设计的最新技术和优秀创意的大规模集中展示的舞台；以及2007年苹果发布初代iPhone，掀起了移动终端用户界面和用户体验设计（UX/UI）中融入动态设计的新趋势。

动态媒体设计作品的创作需要整合视觉传达、影像艺术、声音设计、三维动画、新媒体艺术、心理学、传播学、计算机软硬件科学等学科。在这一阶段，较多学者开始使用动态设计（motion design）这一概念以更突出 "运动"（motion）这一特征，从而相对弱化动态图形设计中所强调的视觉图形的维度。而同时，这一阶段，数字网络时代的动态媒体设计的显著特点是，由于听觉、触觉、嗅觉等感知媒介的介入，始于视觉而超越视觉。因而也有部分学者开始使用运动媒体设计（motion media design）或动态媒体传达（dynamic media communication）等概念用以强调媒介的作用。

5
Roland Barthes, *Image Music Text*, 1977:15.

日常化和媒介化的动态内容

进入21世纪的第二个十年，全球范围内随着互联网通信速度的大幅提升以及移动终端功能的最大化集成，便捷的智能软硬件工具使得我们每个人都可以积极地使用和参与到信息的制作和传播中。法国作家、思想家、社会学家罗兰·巴特（Roland Barthes，1915—1980）所描述的"新闻照片就是一条讯息"，并且"这条讯息是由一个发射源（包括新闻机构的编辑、摄影师等）、一个传输通道（报纸）和一个接收点（公众）组成的"[5]情况已经发生巨变。只要一台手机，不需要十分专业的知识，就可以方便地制作只有几秒钟的专业水准的短视频内容，瞬间上传和分享到各大视频网站，吸引着众多的目光。我们生活在一个运用动态短片来表达自我、讲述故事和更好传达信息的充满创意的时代，发射源、传播通道、接收者已经三位一体。每个人不仅仅是信息的接收者，也是信息的传播者，同时也是信息的消费者和生产者。

随着动态媒体设计的相关人群从专业人士向低龄化和老龄化延伸，其内容和人数呈指数级增长，进入了日常化的发展阶段。电子媒介不仅使得信息的生产和传播非常容易，而且电子媒介仿佛就是为动态信息而存在，动态信息也借着电子媒介发展出独特气质，内容和媒介载体呈现高度融合的趋势。

从这个意义上，媒介不再只是与人们生活密切相关的工具，而是无所不在的环境，媒介不仅仅塑造我们的社会文化，媒介本身就是我们的文化。而随着纪念加拿大媒体理论家马歇尔·麦克卢汉（Marshall McLuhan，1911—1980）《理解媒介——论人的延伸》（*Understanding Media: The Extension Of Man*，1964）一书出版50周年之际，再度掀起媒介理论的研究热潮。麦克卢汉早在电子时代就预言了"媒介即讯息""地球村""冷媒介和热媒介"等理论，而进入数字时代，不管是原子还是

6
设计一词在英文中对应的
是design，而在德语中则为
gestaltung。gestaltung在中文中
除了被翻译为"设计"，也被
翻译成"造型"。design这个
词强调的是解决问题的过程和
结果，而gestaltung则更加强调
对形式和表达的关注。

数字，万物互联、万物皆媒。

AIGC和动态思维

进入21世纪第三个十年，动态媒体设计面临新的机遇。虚拟"元宇宙"已初现雏形，"人工智能"发展迅猛。

虽然当前人工智能生成内容（artificial intelligence generated content, AIGC）仍然存在常识错误、不准确、隐私和数据安全、形式同质化等问题，但其发展潜力巨大。AI可以快速、大规模、根据用户要求定制式生成文字、音乐、计算机程序代码、图像、海报、网页、交互界面甚至电影剧本和影像，为创意工作者提供了无限的灵感来源，但同时专业从业者的权威性和专业性也受到挑战。

在这一时代背景下，动态媒体设计何去何从？当前已经有很多专业领域的学者和实践者投入到AIGC的研究、实践和教学中；而一部分则转而开始追溯动态媒体设计的本质和缘起，总结和研究过去五六十年，甚至更远时期以来的发展路径，并且思考未来发展的趋势。

同时，随着新一代伴随着计算机的普及成长起来的设计师的成熟，动态媒体设计已经开始从设计理念和方法等层面反向影响传统创意设计领域。如品牌设计师会有意识地改变原来先有静态视觉再设计动态演绎的工作理念和过程，反而会从动态设计开始构思再确定静态视觉设计，或者一开始就考虑以一种生成式、程序化的思维方式进行创作，以使得设计成果能够有多重形态以适应不同的应用场景，包括线上线下，或者子系统等。动态设计的流动、变化、多感官和跨媒体等特征，也给设计领域带来了新的形式和内容。

总体而言，当今时代科学技术的发展正不断更新和改变着我们认知世界的方式，也不断刷新着人类的生存状态。"设计"[6]这一旨在创造性地解决特定问题或实现特定目标的人类行为，亦面临着变革，动态媒体设计这一领域亦然。

教学历程的重要节点

动态媒体设计的发展不仅仅是艺术家、设计师创造性的专业实践的积累，同时也是学术界和教育界的研究者和教师们不断提出问题、整理分析、建立理论框架的结果，更是彼此互动、合作和探索的结果，其发展和实践基本同步。以下简要回顾在动态媒体设计教育领域发展过程中做出重要贡献的人物，以及一些比较重要的教学研究和实践成果。

基于电影和电影胶片的视觉设计教学

早在20世纪60年代，欧美就开始陆续在设计学院开设相关教学课程。其中影响深远的有设计师和教育家彼得·冯·阿克斯（Peter von Arx，1937- ）[7]从 1968 年开始在阿明·霍夫曼（Armin Hofmann，1920—2020）[8]领导下的巴塞尔设计学院（Schule für Gestaltung Basel，SfG）开设的当时被称为电影图形（filmgrafik）的课程。这一课程成为巴塞尔设计学院著名的特色课程之一。

冯·阿克斯早期承接过一些当时被称为"电影相关的图形设计（filmischer Grafik）"的委托项目，此后在这些项目积累的实践经验的基础上，开始了将电影和设计相结合的教学探索。1983年，他将多年积累的教学理论、方法和学生作品成果汇集出版成书籍《电影+设计》（Film +Design，1983）。书中包含三个部分内容：第一部分是理论部分，讲解了电影的基本现象和维度（the elementary phenomena and dimensions of film）；第二部分是从教学方法论的层面，说明如何在设计中运用电影的基本特征和维度；第三部分展示了如何根据电影的基本特征和维度解决图形问题，或进一步推进结构化的影像实验（structural film experiments）[9]。阿明·霍夫曼称赞他的著作是"一本对任何图书馆来说都是非常重要的书籍，其中涉及有关电影、设计、排版或任何类型故事的叙述"[10]。这本书可以被认为是阿明·霍夫曼1965年出版的经典之作《平面设计手册：原理和实践》（Graphic Design Manual: Principles and Practice）在动态设计领域的延伸和探索。

7
彼得·冯·阿克斯，简介见瑞士平面设计基金会网站：https://sgdf.ch/de/oeuvres/peter-von-arx，访问时间2024-05-12。

8
阿明·霍夫曼，瑞士平面设计师和教育家。曾担任巴塞尔设计学院平面设计系主任，并在"瑞士风格"的平面设计流派的发展中发挥了重要作用。其1965年出版的《平面设计手册：原理和实践》（Graphic Design Manual: Principles and Practize）成为被广泛使用的教材。

9
Peter von Arx, Film+Design, 1983: 11.

10
同上：3。

11

1933年，因包豪斯遭纳粹镇压
而被关闭之后，纳吉前往美
国，1937年他在芝加哥开办
新包豪斯，1939年又开办芝
加哥设计学校，将包豪斯理
论和教学观念介绍到美国。
在其去世后一年，1947年出
版《运动中的视觉》（*Vision
in Motion*）一书。

12

1919年德国魏玛成立了国立
包豪斯学院，1933年因遭纳
粹镇压而被关闭，首任校长
为瓦尔特·格罗皮乌斯。包
豪斯吸引了一大批卓有成就
的艺术家、设计师，在任教期
间都有创造性的成就。包豪斯
不但创立了手工业、陶器、印
刷、织物、装帧、石雕、木
雕、玻璃、壁画、金工、舞台
美术等各种门类的工作室，由
教授和工匠担任教师，招收
学员，还第一次开设了基础
设计课，参与工业文明的机
器生产，使抽象艺术原则与
大批量生产设计结合起来。
包豪斯的成立标志着现代设
计教育的诞生，对世界现代
设计的发展产生了深远的影
响，包豪斯也是世界上第一所
完全为发展现代设计教育而建
立的学院。

而在冯·阿克斯运用电影胶片作为新媒介进行创作和教学的相关探索之前，除了索尔·巴斯在电影片头设计取得成功之外，还有很多先行者。

著名的艺术家、教育家拉兹洛·莫霍利-纳吉（László Moholy-Nagy，1895—1946）[11]曾经负责包豪斯设计学院[12]基础教育，1927年他出版了《绘画、摄影、电影》（*Malerei Fotografie Film*）一书，呈现了以摄影和胶片作为创新媒介，以光、空间和运动为对象，进行创作、教学和研究的过程。

诺曼·麦克拉伦（Noman McLaren，1914—1987）[13]及其领导下的加拿大国家电影局（National Film Board of Canada，NFB）在实验影像领域进行了广泛的探索和实验。他以电影胶片作为艺术设计的纸张或画布，在上面绘画、刮擦、涂鸦等，再以电影的形式放映和观看，被认为是实验动画和电影制作众多领域的先驱，影响了后来者在手绘动画、电影动画、视觉音乐、抽象电影、像素化动画、音画设计等各个领域的创作。

英国著名设计教育家莫里斯·德·索斯马兹（Maurice de Sausmarez，1915—1969）长期从事艺术创作和艺术设计的基础教育，他强调理性的抽象设计思维的基础教育的同时，将运动和变化引入基础教育中关于视觉形态创造的教学中，在其《基本设计：视觉形态动力学》（*Basic Design: The Dynamics of Visual Form*, 1964）一书中指出相对于设计而言的"动力学"（dynamics）概念：一方面作为物理世界的"运动、力、动能、势能"，是视觉形态的表现内容、研究对象；另一方面是作为视觉形态创造的方法。

因此，虽然冯·阿克斯并非是最早的实践者，但是他依托瑞士平面设计实践和教育的悠久历史和扎实基础，最早开始在设计学院进行系统的教学。一方面从理论上总结了动态媒体设计的基本原理；另一方面通过学生的创作和研究，展示了"film"这一术语（在英文中既可指电影，也可指电影胶片）的双重隐喻——作为视觉暂留的动态影像和作为承载影像的媒介的电影胶片之间，相辅相成又互相制约而交织而成的复杂性。

《电影+设计》一书的出版，因其对电影现象的系统分析，为从20世纪90

年代初开始的全面数字背景下快速发展和广泛应用的基于时间的设计奠定了基础，也成为全球各大院校在动态媒体设计相关教学领域的重要教学参考书之一。

强调时间和运动的动态图形设计教学

千禧年之后，美国设计师、评论家和教育工作者史蒂文·赫勒（Steven Heller）[14]和迈克尔·杜利（Michael Dooley）[15]认识到"运动（motion）"已经成为"过去的十年里平面设计实践中最重要的变化之一"，并且"动态不再仅仅是使得设计看起来显得复杂和新颖的附加物，而是成为设计必须包含的部分——几乎所有媒介都需要它，甚至是传统的印刷媒介"[16]。这是一个广泛的工作领域，设计师在其中创造基于时间的视觉传达，"是以运动为黏合剂，将图形、版式和故事叙述结合起来的一种全新的包容性商业艺术"[17]，或者可以将运动原理不同程度地融入互动和交流体验中。

因此，赫勒和杜利认为，基于这一新的现实，高等院校的培养计划中需要找到将动态设计融入课程体系的方法，为学生将来从事不同的职业做准备。于是，他们着手全面调查、系统整理了美国各大高校从一年级新生到研究生各个年级动态设计相关课程的教学大纲，于2008年编辑出版了《动态设计教学》（*Teaching Motion Design*）一书。书中收录的每门课程，都详细介绍了课程简介、课程目标、课程计划、课程详细安排和要求、课程小结、参考文献等内容。虽然课程名称各不相同，如动态字体、基于时间的传达、语法和句法、动画分析、数字影像、声音+运动、角色动画基础、基于时间的媒介、交互媒体、音乐影像、针对平面设计师的电影课程等，但在课程和参考文献之间存在着很多共同点：基于时间的媒介、基于时间的传达和基于时间的设计等术语经常被用来与印刷媒体区分开来；时间被用来描述运动图像、电脑动画、动态排版和视觉叙事；动态设计的跨学科性质同时体现在课程内容和书目中。

《动态设计教学》因为涉及不同高校不同专业下的众多相关课程，以文字的方式汇编成册，并未加以分类、整理和说明，因此整体略显庞杂并且并不直观，但却较为全面地实时呈现了美国各地的教育工作者正在实践的动

13
诺曼·麦克拉伦，苏格兰裔加拿大动画师、导演和制片人。1933年开始实验动画片的创作，制成短片《从七到五》《彩色鸡尾酒》等。1937年后与英国的J.格里尔逊等合作，尝试在胶片上直接绘画和在光学声带片上刻划声音。1939年后又在美国尝试在彩色胶片上绘画。1941年返加拿大，完成了《美之舞》《小提琴》《邻居》(该片获奥斯卡最佳动画片奖)、《椅子的传说》等动画片。20世纪60年代后，创作了运用抽象的几何图形表现音乐旋律的《垂直线》《水平线》和《马赛克》等作品。1942年开始领导新成立的NFB的动画部门，使得这一机构成为世界实验动画的重地。

14
史蒂文·赫勒，设计师、纽约视觉艺术学院设计评论硕士专业创始人。www.hellerbook.com，访问时间2023-08-25。

15
迈克尔·杜利，生活工作于洛杉矶的设计创意总监、媒体评论家。www.michaeldooley.com，访问时间2023-08-25。

16
Steven Heller and Michael Dooley, *Teaching Motion Design*, 2008: xi.

17
同上: xii.

18
Suguru Ishizaki, *Improvisational Design*, 2003: 8.

19
Camila Afanador-Llach, "Motion in Graphic Design: Interdisciplinary References for Teaching", in R. Brian Stone and Leah Wahlin eds., *The Theory and Practice of Motion Design*, 2018: 31.

态设计教学的全貌，在当时为我们的课程实践提供了重要参考坐标。

作为交流语言的动态媒体传达教学

根据赫勒和杜利的说法，之所以选择这些课程编入书中，是因为动态设计教学是平面设计和插图这两个关键学科与动力学日益融合的结果，并且书中大部分课程的作业任务书通常会要求学生提交一个特定的产出，通常是一个以视频和动画为主的动态设计作品。

但是按照同一时期的学者、设计师、教育家石崎杉（Suguru Ishizaki）在其《即兴设计：连续、快速响应的数字通信》（*Improvisational Design: Continuous, Responsive Digital Communication*，2003）一书中的定义，这类作业成果是静态的或固定的，是静态设计（static design）的范畴，因"其设计方案不涉及内容或信息接收者意图的改变"[18]。相对而言，他用动态设计（dynamic design）这一术语来定义数字通信的形式，在这种形式中，信息本身和接收信息的方式会根据用户的需求而变化。这一描述与当今的动态响应通信系统相匹配，表明了动态与交互设计之间的紧密联系。在2008年赫勒和杜利整理动态设计课程时，这种关系还并不特别突出。但在移动终端普及的今天的设计课程中，则有必要关注动态，以评估视频、动画和运动在其他设计领域中出现的新方法和途径[19]。

虽然动态设计被纳入本科艺术设计专业教学的方式因学校而异，但通常情况下，整个课程都致力于创作像前面提到的动态设计作品。而同一时期，艺术家、设计教育家扬·库巴谢维奇（Jan Kubasiewicz）认为，"在过去的几十年来，为了适应新技术的语境，传达设计专业及其相关教学项目的焦点和语汇已经开始发生变化。譬如，固定变为流动，被动变为响应，而曾经的组成现在必须经过精心编排（Fixed became fluid, passive became responsive, and what was once composed must now be choreographed）"。他进而提出，"依据这些柏拉图式的二分法，我们应该认识到从动态设计（motion design）到动态媒体传达（dynamic media communication）的转变的必要性"。库巴谢维奇于2000年创建麻省艺术学院动态媒体系（Dynamic Media Institute of Massachusetts Art

Academy）[20]并担任系主任，其教学实践则提供了动态媒体设计教育的另一种途径。他认为：动态意味着变化、过程；动态媒体设计并不是一套最终产出，而是一种沟通语言，在设计的其他领域，如交互设计和数据可视化，都可被视为与动态相关；而整个设计教学体系中都应该深度嵌入动态的概念，也就是将动态语言纳入设计教育的更广泛的生态系统中。[21]

向下兼容的动态媒体素养教学

从文字世界到读图时代，再到影像普及的时代，动态作品是一种相对吸引眼球的方式，具有很大的商业价值；同时，动态作品也可以帮助知识和信息更好地传播，可以使大家在较短时间内更好地学习或了解一些比较复杂的事物；另外，这一媒介自我表达的便捷对于年轻人也更有吸引力。

当前数字内容的媒介化和日常化的现状，特别是对"屏幕一代"青少年，出生之初首先习得在物体表面滑动手指——这一条件反射的动作犹如芝麻开门的咒语，是他们打开认识世界之门最早学会的技能之一。理解、学习和掌握动态媒体设计的基本语言及传播方式显得尤为迫切，因此，批判性地看待和产生动态内容成为这一代人更为重要的学习内容。整个社会亟须将动态媒体设计沉淀为当今数字媒体社会的公民应该具备的基本素养。除了像库巴谢维奇那样的高校中的学院派，还有很多机构和个人同样认为，动态媒体设计的实践和教育应该放到更广阔的社会背景中。

"动态媒体素养"应该作为和阅读与写作同等重要的一项当代青少年必须具备的基本素质和技能——"由听觉、视觉及数字素养相互重叠共同构成的一整套能力和技巧，包括对视觉、听觉力量的理解能力，对这种力量的识别与使用能力，对数字媒介的控制与转换能力，使数字内容得以广泛传播的能力，以及轻松对其进行再加工使之适应新形式的能力"[22]。

当前越来越多的人致力于通过公益组织、工作坊或者和社区与学校合作的方式，在社区教育这个更大的平台进行动态作品的教学、推广和普及工作。譬如，《影像叙事的力量》（*The Age of the Image: Redefining*

20
麻省艺术和设计学院官网，https://massart.edu，访问时间2023-08-20。

21
Jan Kubasiewicz and Brian Lucid，"Type on Wheels: Brief Comments on Motion Design Pedagogy"，in A. Murnieks, G. Rinnert, B. Stone, & R. Tegtmeyer (eds.). *Motion Design Education Summit 2015 Conference Proceedings*, 2016: 61-70.

22
摘自美国新媒介联合会（New Media Consortium，NMC），《全球性趋势：21世纪素养峰会报告》（*A Global Imperative: The Report of the 21st Century Literacy Summit*），2005: 2. https://library.educause.edu/resources/2005/1/a-global-imperative-the-report-of-the-21st-century-literacy-summit，访问时间2022-06-12。美国新媒介联合会成立于1993年，由各大专注于学习的组织联盟而成立的非营利组织，致力于探索和使用新媒体和新技术，2018年被EDUCAUSE收购。其2016年受Adobe委托完成的地平线项目（NMC Horizon Project）简报，定义了高等教育中的数字素养及其战略意义。2017年发布了项目的后续简报，进一步通过全球和特定学科的视角考察和审视了当前数字素养框架的现状，以揭示如何塑造学习者创建、发现和批判性评估数字内容的新脉络；同时阐明学生通过围绕多个维度——技术、心理和人际关系等，掌握了产生新内容的能力后可能会产生的一种赋权感。官方网站：www.educause.edu。

23

斯蒂芬·阿普康，《影像叙事的力量》，2017：8。

24

2001年创立的非营利性的雅各布伯恩斯电影中心(JBFC)，将电影作为一种娱乐、教育和获得灵感的媒介，通过电影、活动、社区放映、来访艺术家和特邀嘉宾，激发对话，并鼓励观众和社区接受多元化的观点。官方网站：burnsfilmcenter. org，访问时间2023-08-25。

Literacy In A World Of Screens，2013）一书作者斯蒂芬·阿普康（Stephen Apkon）认识到，动态影像作品是人们"内心深处最原始的交流方式，也可称之为非语言性的情感交流方式"[23]，其推动创立的雅各布伯恩斯电影中心（JBFC）[24]的教育项目，经过二十多年的社区和学校合作的实践，已经建立起了非常完善的课程体系，促进了动态媒体设计在当代青少年"媒介素养"教育中的实践应用。

本章小结

本章首先从历史发展的视角，按照时间先后秩序从设计和教学实践两条线索分别回顾了动态媒体设计的发展脉络。然而现实中，这两条线索并非是独立发展的，而是经常交叉重叠和互相促进。譬如任何的新兴领域最初阶段通常是实践先于研究和教学，而当发展了一段时间之后，人才紧缺的压力会迅速反映到教育中，教育就需要进行改革；而同时教学中的研究和实验，又会给予实践以启迪和补充。其中，具有代表性的事件如，2018年，布赖恩·斯通（Brian Stone）和利娅·瓦林（Leah Wahlin）邀请了学界、教育界、实践领域的专家从业者共同编辑出版了《动态设计理论和实践:批判性视角和专业实践》（*The Theory and Practice of Motion Design: Critical Perspectives and Professional Practice*）一书，系统梳理了动态设计的发展脉络和研究现状，促进了产学研之间的沟通和合作，推动了学科的发展。第三、第四章将从动态媒体设计领域相关的理论研究和教学实践展开进一步讨论。

延伸阅读

▪ 乔恩·克拉斯纳（Jon Krasner）， "动态图形的简史"，摘自Jon Krasner 编著《动态图形设计的应用与艺术》第一章，2016: 01-17。
乔恩·克拉斯纳编写的《动态图形设计的应用与艺术》是一本关于动态图形设计的历史、理论、方法和应用等的综合性图书。其中第一章"动态图形的简史"，阐述了从早期序列图像的装置到电影发明初期的实验影像，以及动态图形设计发展之初在电影、电视领域的应用和尝试，再到计算机发明之后计算机动画的最初探索。这一章节不仅包括动态图形历史中的重要里程碑作品，更是比较全面和简要介绍了相关先锋人物及其背景，其中提到的所有重要作品和人物，都值得我们花时间做更进一步的深入了解，对全面、深入了解和研究相关历史尤为重要。

▪ Peter von Arx, *Film + Design*, 1983.
彼得·冯·阿克斯编辑出版的《电影+设计》一书，呈现了早期在电影胶片媒介上进行动态影像和图形设计相结合的创作和教学的实验过程和成果，书中的方法和案例今天看来依然十分经典。

▪ Steven Heller, Michael Dooley, *Teaching Motion Design*, 2008.
史蒂文·赫勒和迈克尔·杜利编辑的《动态设计教学》一书，收录了美国各大学中为从本科新生到研究生各个年级的学生开设的动态设计相关课程的详细教学大纲。

课后作业

从本章正文提到的动态媒体设计的先锋人物中，选择一位你感兴趣的艺术家、设计师，譬如：索尔·巴斯、约翰·惠特尼、诺曼·麦克拉伦、巴勃罗·费罗、莫里斯·宾德、凯尔·库伯、彼得·冯·阿克斯、扬·库巴谢维奇、斯蒂芬·阿普康等，尝试从多个角度调研并分析这一人物的教育背景、职业背景、设计理念或教育理念，以及其代表作品或教学成果等。

03 创作基础：理论与方法

在动态媒体设计的学习、研究以及创作实践中，不仅需要了解历史发展的脉络，同时需要理论和方法的支撑。这一过程中，我们经常会遇到的问题包括：

- 动态媒体设计的发展大概可以分为几个阶段？划分的依据是什么？
- 在历史的不同时期，哪些国家和地区的哪些机构、个人、组织在从事动态媒体设计的创作、研究和教学？
- 动态媒体设计的核心领域有哪些？相关领域有哪些？从这些相关领域传承或学习了什么？区别又在哪里（或者说它的边界在哪里）？
- 动态媒体设计的核心价值是什么？有哪些重要属性？其独特性和不可替代性有哪些？
- 动态媒体设计是否已经形成自身的语言系统？经由这一语言系统产生的交流和传达是如何运作的？
- 动态媒体设计还存在哪些尚待探索的领域？

在上一章节中已对动态媒体设计的历史发展概貌做了概述，本章首先从理论研究角度对动态媒体设计的基本概念、显著特征以及和其他关联学科的关系展开讨论，同时对动态媒体设计创作的一般过程和基本原则进行简要介绍，进而尝试回答以上问题。

动态转向和跨学科属性

作为新兴领域，动态媒体设计不可避免要从传统领域中传承和学习，而这一过程也是双向的。特别是随着数字技术的发展，传统领域或多或少都会面临挑战，必须做出改变，将新兴领域纳入原有框架中，因为事物本身的发展就是多维度和动态的。在这一过程中，动态媒体设计一方面积累沉淀，形成其自身的内涵，同时也溢出融合，成为其他相关领域的外延。

传统学科领域的动态转向

目前，很多传统的平面设计竞赛和奖项正逐步将动态设计容纳进去。荷兰 Graphic Matters国际海报大赛[1]在2019年第一次包含动态海报，50幅获奖海报中有6幅是动态的。这些海报虽不能被印刷出来，但在展示屏幕上会显示其约10秒的动画。同年，这6幅获奖的动态海报出现在阿姆斯特丹中央车站举办的"动态设计节"（Design in Motion Festival，DEMO）展览中，将近80块公共空间中的大屏幕同时展示着动态作品，动态设计第一次大规模进入公众视野[2]。

和动态媒体设计有着较大重叠的电影和动画领域也有类似的情形。电影源于1895年卢米埃尔兄弟（Lumière Brothers）[3]发明了既能拍摄又能放映的活动摄像机。中文"电影"在英文中有更为微妙的表述，如film、motion pictures、movie、moving image等。成立于1927年的美国电影艺术与科学学院（Academy of Motion Picture Arts and Sciences），每年组织颁发著名的奥斯卡奖，这里"运动图片"（motion picture）所代表的电影是不同于作为静态照片的艺术和科学，是特指连续拍摄、连续放映的图像序列。而世界三大国际电影节——威尼斯电影节、戛纳国际电影节和柏林国际电影节的英文多翻译成Film Festival，这里film所代表的电影，更多指代一种由胶片这一媒介所承载的艺术形式。

同样，狭义的动画在英文中也有很多表述，如animation、cartoon、animated cartoon。其中较常用的animation一词源自拉丁文字根anima，意思为"灵魂"，动词animate是"赋予生命"的意思，引申为使某物活起来的意思。世界重要的动画电影节，如法国昂西国际动画电影节（Annecy International Animation Film Festival）[4]、加拿大渥太华国际动画电影节（Ottawa International Animation Film Festival）[5]等英文也是Animation Film Festival，但一般要求影像非100%实时拍摄，并需保证至少50%是动画制作。也就是

1
荷兰Graphic Matters国际海报大赛官网，https://graphicmatters.nl，访问时间2024-05-20。

2
动态设计节官网，https://demofestival.com，访问时间2021-05-20。

3
卢米埃尔兄弟：哥哥奥古斯塔·卢米埃尔（Auguste Lumière，1862—1954）、弟弟路易斯·卢米埃尔（Louis Lumière，1864—1948），法国的一对兄弟，出生于欧洲最大的制造摄影感光板的家族，是电影和电影放映机的发明人。兄弟俩改造了美国发明家爱迪生所创造的只能个人观看的"西洋镜"，借由投影将活动影像放大，让更多人能够同时观赏。

4
法国昂西国际动画电影节官网，https://www.annecyfestival.com，访问时间2024-05-20。

5
加拿大渥太华国际动画电影节官网，https://www.animationfestival.ca，访问时间2024-05-20。

6
德国斯图加特动画电影节官网，https://www.itfs.de/en/，访问时间2024-05-20。

7
克里斯·米-安德鲁斯，《录像艺术史》，2018：2。

8
泰特现代美术馆官网，https://www.tate.org.uk/about-us/conservation/time-based-media，访问时间2024-05-20。

9
Caitlin Dover, *What is "Time-Based Media"?*: A Q&A with Guggenheim Conservator Joanna Phillips, https://www.guggenheim.org/blogs/checklist/what-is-time-based-media-a-q-and-a-with-guggenheim-conservator-joanna-phillips, 访问时间2024-05-20。

10
泰特现代美术馆官网，https://www.tate.org.uk/about-us/conservation/time-based-media，访问时间2024-05-20。

说对动画来说，大部分的图像都是以手绘、被摆拍的物体、照片等由人工或计算机产生的，而对电影来说，大部分的图像都是通过实时摄取自然景象或者活动对象获得的。当今数字科技的发展，使得很多电影中的视觉画面不再是实际拍摄而成，而是由计算机生成或后期合成。因此，此类影像，是应该叫作电影动画呢，还是叫作动画电影呢？另外，伴随着电子游戏的发展，德国斯图加特动画电影节（Stuttgart International Festival of Animated Film或者International Trickfilm - Festival Stuttgart - ITFS）[6]也新增添了动画游戏奖项（Animated Games Award）的单元。

在艺术领域，录像艺术"将视频影像作为创作媒介主要开始于20世纪50年代末，这些艺术家受到激进派、表演艺术、人体艺术、贫穷艺术、波普艺术、极简雕塑、概念艺术、先锋音乐、实验电影、当代舞蹈和戏剧等一系列多样化和跨学科的文化运动与理论的影响，并且许多艺术家是站在反对电视的角度开始录像艺术创作的，他们希望通过这种艺术实践改变电视，或者说挑战电视在受众中的文化刻板印象及其所呈现出来的表象特征[7]。这一以非物质形态存在的艺术实践在当今依然继续。但今天的影像可能不一定是由手持摄影机拍摄并通过录像放映机在电视屏幕上放映的Video，也可能是由手机、监视摄像头拍摄，或者是由计算机生成的影像。

当前世界最有影响力的当代艺术馆，如英国伦敦泰特现代美术馆（TATE Modern）、美国纽约所罗门·R.古根海姆美术馆（The Solomon R.Guggenheim Museum）等，将这类"依赖于技术和持续时间作为一个维度"[8]或者"共同之处是需要在作品介绍中标明作品时长"的艺术作品分类为"基于时间的媒体作品"（time-based media works）[9]。泰特现代美术馆收藏的时基媒体艺术作品跨度从20世纪60年代至今，包括使用视频、电影、音频、35毫米幻灯片和计算机技术的艺术作品，并且主要是装置类，而不是单纯的视频，因为成像以及呈现作品的媒介及技术和影像本身是不可分割的。"艺术家在选择媒介和作品呈现方式时会做出非常明确的决定。特定的展示设备对作品来说可能很重要，因为它创造了特定的声音或图像属相，或者因为艺术家在特定设备和作品意义之间建立了概念上的联系。特定的技术将作品放置在历史的某个特定时间点上，并可能传达了有关作品创作精神的想法。"[10]

在电视媒体盛行的20世纪70年代，由全球娱乐营销行业协会（The Entertainment Marketing Association，PROMAX）和电视设计者联合会（Broadcast Designers' Association，BDA）于1978年组织策划的Promax&BDA[11]奖项，是当时媒体与娱乐领域最具权威性与影响力的奖项之一。四十多年后的今天，电视媒体已经不再是占据主流的媒体，网络、移动、社交媒体成为青年一代的新宠。因此，这一奖项不再局限在电视节目和平台，而是扩展到任何娱乐平台或跨平台的娱乐节目的创意、营销和设计。

当前全球最大的动态设计、视觉特效和动画项目的线上永久资料库Stash，于2004年成立，初衷一直是不仅仅展示相关领域的卓越作品，同时还要推出创作这些杰出作品背后的个人和团队。杂志最初是以DVD的形式发行，当前每期线上杂志包括的栏目有：电视和电影广告、片头和栏目设计、音乐视频、品牌演绎片（Brand Films）、游戏和电影预告片、短片、幕后花絮、独家访谈[12]。

加拿大国家电影局（NFB）从1939年成立至今，一直是世界实验影像的重要支持机构，当前其网站的作品分类包括：电影、纪录片、动画、交互和教育，其中交互为新的类型，包含网站、应用程序、装置、虚拟现实、社交媒体等不能归为传统类型的作品和项目[13]。

而位于美国纽约的动态影像博物馆（Museum of the Moving Image），相对于德国电影协会和电影博物馆（Deutsches Filminstitut Filmmuseum DFF）[14]、法国电影博物馆[15]等成立较晚，于1988年首次开放。博物馆的定位"旨在最大限度涵盖电影、电视和数字媒体相关领域，通过展览、教育项目、重要的动态影像或活动图像（moving image）作品介绍活动，以及收集和保存动态影像相关史料文物，促进对电影、电视和数字媒体的艺术、历史、工艺和技术的理解、欣赏和体验"[16]。

综上所述，随着时代的变迁、科学技术的发展，艺术、设计的各个专业领域都面临着变革。当前越来越多的人不仅成为动态媒体设计的消费者，还希望成为制作者和传播者。从这一意义上来说，动态媒体设计的

11
Promax已于2024年更名为全球娱乐营销艺术与科学学院（the Global Entertainment Marketing Academy of Arts & Sciences），并重组为一个新的组织，官网：www.gema.org。

12
Stash官网，https://www.stashmedia.tv/，访问时间2024-05-20。

13
NFB官网，https://www.nfb.ca/interactive/，访问时间2024-05-20。

14
德国电影协会和电影博物馆官网，https://www.dff.film，访问时间2024-05-20。

15
法国电影博物馆官网，https://www.cinematheque.fr，访问时间2024-05-20。

16
美国纽约的动态影像博物馆官网，http://www.movingimage.org/about/，访问时间2024-05-20。

17
W.J.T.米歇（切）尔，《图像何求？形象的生命与爱》.
2018: x。

最新发展及趋势，是否会成为继绘画、摄影、电影、游戏之后的又一个转折点呢？

芝加哥大学艺术史教授W.J.T.米切尔（W. J. T. Mitchell）最早在其1994年出版的《图像理论》（*Picture Theory*）一书中曾提出"图像转向"的概念，随后在2005年的《图像何求？形象的生命与爱》（*What Do Pictures Want?: The Lives and Loves of Images*）一书中进行了更为详细的解读："图像转向，或向图像的'转向'的说法不局限于现代性，或当代视觉文化，……并不是我们时代特有的……，每一次都涉及一种特殊的图像，在一个特殊的历史环境中出现。它是一个转义或思想形象，在文化史中出现过无数次，通常在新的再生产技术，或一些形象与新的社会、政治或美学运动相关的时候到来。"[17]

图像转向在当前移动终端下的媒体时代引起了世界范围内日益广泛的讨论，如果说动态媒体设计所呈现的运动变化的图像是具有时代精神的特殊图像，那么"动态转向"也许就是图像转向的又一次转向。

跨学科研究的外延拓展

随着时间的推移，动态媒体设计正从最初作为新兴的实践领域和学术的广泛研究之间彼此脱节的状态，转而进入到相互对话、补充、支持的阶段。实践领域面对市场的广泛需求，需要理论的支持；同时，学术研究也希望能推动实践发展——一方面总结基本的原则、方法，为专业人才的培养和青少年相关素养的普及提供基础；另一方面寻找动态媒体设计学科外延拓展的突破点。

如上所述，动态媒体设计的实践、研究和教学发展至今一直都具有跨学科的特征，因此，对动态媒体设计的研究也必然是跨学科研究的视角和方法，除了从历史的维度，还可以从艺术、技术、应用、文化、经济、社会、心理等更多维度交叉进行。其中，几个主要的维度包括：

（1）艺术设计：历史、理论、应用和原理

动态媒体设计某种程度上改变了我们观看和感知世界的方式，主要围绕动态媒体设计在艺术设计领域的历史文脉、应用、基本原理、审美等进行解读和研究，如：

- 动态媒体设计发展过程中的重要节点、人物、作品，特别是早期的历史资料和物品正在不断被挖掘、重新整理和审视，并日渐引起关注和讨论；
- 动态是如何提供视觉内容和形式并影响视觉审美的基础性研究；
- 对广为传播和使用的动态海报、动态交互图标，或者是说对海报、图标设计动态化之后的基本设计原理和方法的归纳和总结；
- 对动态媒体设计和其他设计领域相结合所产生的新兴领域的研究，如动态可视化设计、动态指示系统设计、动态环境空间设计、产品动态界面设计、建筑媒体表皮设计等。

（2）科学技术：感知理论、技术介入

当今时代，以计算机和互联网为核心的数字体系，以及各种开源工具、AI人工智能等的出现，赋予了设计师更多探索的机会，也逐步改变了设计师的思维模式与实践过程。一方面，随着科学技术的发展，人类对动态及其生成方式的理解和感知等都有了更深入的认知，也就是说，信息在未来不再只是可看、可阅读，更是可感知的；另一方面，设计需要借助其他领域的成果从不同视角来拓展研究的领域和方法。譬如：

- 借助眼动仪、大数据、图像识别技术、神经科学等最新科学和技术的成果，以科学实验的方法研究、分析和解释人眼对动态事物和信息的关注点、兴趣点等；
- 从生物学、心理学的角度探讨阅读和消费动态信息相关的认知以及视觉感知方面的问题；
- 针对动态设计工具的开发方兴未艾，一方面是短视频等大型平台开发了大量方便用户使用的动态模板，以帮助用户快速生成一些

18
尼克·库尔德利,《媒介、社会与世界:社会理论与数字媒介实践》,2014。

19
斯蒂芬·阿普康,《影像叙事的力量》,2017;26。

通用的动态效果;另一方面,一些小型公司或独立设计师则以程序或软件插件等形式,为设计师等提供一些更专业的特定的动态效果;

- 针对不同技术介入下,包括最新的AI人工智能技术对动态媒体设计的内容、形式、美学、过程的改变和影响的相关研究。

（3）媒体理论:媒介即讯息

动态媒体设计作为数字时代视觉呈现的典型代表之一,由于听觉、触觉、嗅觉等全媒体的介入,依照麦克卢汉"媒介即讯息""媒介发展四定律"的理论,传统媒介、电子媒介、新兴媒介等这些新旧媒介之间存在着延伸、过时、再现、逆转的动态过程,并且共同构成当代生活,甚至可以说,媒介形式对当代人生活的影响有时候甚至超过媒介所承载的内容。与此同时,不再孤立存在的媒介逐渐形成网络体系,人们利用不同媒介的传播特性进行联合推广。[18]但同时,每种媒介都以不同的方式编码现实,每种媒介都隐藏着其独特的哲学意味,因此,任何一种新型大众传媒都可以被认为是一种新的语言,而人类尚未得知它们的语法[19]。由此,"作为交流媒介的动态媒体设计延展了人类的什么能力?又是怎样延展的?"成为近期研究的重点:

- 多模态感知下动态媒体设计的编码和解码;
- 视觉隐喻的动态化研究;
- 影响对环境和地点感知的动态设计变量研究;
- 动态媒体设计语境下的叙事形态和意义创造等。

（4）社会文化:社会、经济、文化

继动态媒体设计在新媒体社交和消费领域被广泛应用,产生了巨大社会影响,社会各界纷纷从自身视角对其进行分析评价,致力于原有理论边界的拓展,如:

- 经济学角度来说,动态影像不仅仅有巨大的商机,同时也是生产力;

- 在建筑和城市领域，被动态影像覆盖的建筑表面正影响并成为新的都市空间和文化的组成部分；
- 传媒景观世界的动态图像正在改变传播学、符号学的内涵；
- 在文化研究领域，不同文化背景下动态媒体设计范式的比较研究等。

总之，任何学科都不可能是孤立的，必然从其他学科继承和学习一些东西，因此其外延部分随着时代的发展不断延展，而同时其内涵和特征不断沉淀，价值也随之提升。从这个意义上，动态媒体设计在跨学科的动态交叉过程中，不仅仅从其他学科学习和继承了相关知识、技能，建构了自身的内涵和外延，同时也拓展了我们对叙事、形式、电影、光线、动力学、信息传达和交流的理解，也就拓展了其他领域的边界。

基本特征和概念术语

动态媒体的概念术语和基本特征的定义在业界和学界虽尚无定论，但研究和讨论从未中断，并且往往需要不断地重新放回到历史脉络以及和其他相关领域的关系之中展开。

媒体传达语境下的概念术语

如前文所述，在动态媒体设计领域，人们往往也因时代、相关学科领域、应用场景等不同而使用不同的名称、概念。2018年，布赖恩·斯通和利娅·瓦林共同编辑出版的《动态设计理论和实践：批判性视角和专业实践》一书中收录的克拉丽莎E.卡鲁宾（Clarisa E. Carubin）撰写的名为《从定义看动态图形设计学科的历史演变》（*The Evolution of the Motion Graphic Design Discipline Seen Through Its Definitions Over Time*）的文献综述类论文，详细介绍了通过文献检索找到的近50年中涉及动态图形设计及其相关术语定义的著作、期刊和研究论文等。卡鲁宾以时间的先后次序排列、整理、识别并分析了定义该学科的各种术语，绘制了一张时间表，清晰显示了这些术语的演变，并探讨了动态图形设计这一学科的边界和范围[20]。此外，书中另一篇研究论文，卡米拉·阿法纳多-拉赫

20

Clarisa E. Carubin, "The Evolution of the Motion Graphic Design Discipline Seen Through Its Definitions Over Time", in R. Brian Stone and Leah Wahlin eds., *The Theory and Practice of Motion Design:Critical Perspectives and Professional Practize*, 2018: 15–29.

21

Camila Afanador–Llach, "Motion in Graphic Design: Interdisciplinary References for Teaching" , in R. Brian Stone and Leah Wahlin eds., *The Theory and Practice of Motion Design:Critical Perspectives and Professional Practize,* 2018: 30–44.

（Camila Afanador-Llach）的 《平面设计中的动态：跨学科教学参考》（*Motion in Graphic Design: Interdisciplinary References for Teaching*）则详细介绍了美国动态设计的教学情况，包括其教学发展的重要节点以及主要途径，并且简要概括了动态设计的相关通用词汇。[21]

本书在众多专业术语中选择使用动态媒体设计（dynamic media design）这一术语，主要有两方面的考虑：

一方面是基于当前的时代背景强调时间、运动维度中蕴含着的变化本身，同时也强调媒介维度动态发展的特征。

传统的静态设计指以纸质媒介为主的平面设计等，而随着数字化、互联网技术的发展，当前的设计以一种动态的形式呈现已然成为常态。短视频、电视和电影标题设计、广告宣传片、动态可视化演示、交互产品界面、动图、实验影像、互动展示装置等随处可见。按照麦克卢汉的理论"媒介即讯息"，媒介在数字时代有了新的定义，媒介本身的形态也时刻发生着变化：从纸质发展到电子屏幕，屏幕的尺寸从手表大小到整个高层建筑立面，可以任意组合；屏幕可以是身外之物，也可以如AR/VR眼镜逐渐和人眼共同作用。随着技术的发展，媒介本身以及信息传达交流的方式必定是不同的。从文字世界到读图时代，以及影像普及的时代，动态作品是一种相对新颖的吸引眼球的方式，具有很大的商业价值；同时也可以帮助知识和信息更好传播，可以使大家在较短的时间内更好地学习或了解一些比较复杂的事物；另外，这一媒介自我表达的便捷也更有吸引力。设计从静态全面进入了动态的时代，动态媒体设计已经开始成为当今数字媒体社会的公民所应该具有的基本素养。

另一方面，动态媒体设计的历史研究和定义也是在不断发展和延拓的过程中，使用这一名称是希望作为一个更为广义的概念统称。

狭义的动态媒体设计主要是电影电视发展的产物，特别是西方在20世纪70年代以电视为代表的大众媒体的普及，当时主要以电影片头、电视广告、音乐视频、实验短片等形式为主导，以电子屏幕为载体。时至今日，动态媒体设计的形成方法、呈现形式和观看方式经历了一种波动式的反复，从手绘到胶片到数字，从个人的偷窥到集体的狂欢，从被动式观看到主动式参与。动态媒体设计从来不仅仅是作为真实世界的记录和模拟而存在的，在当今移动互联、虚拟现实等的狂潮下，为人类提供了另一种现实的图景，将视觉体验带入新的境界；此外更是超越了语言、文化和国界。当今语境下，动态媒体设计以短视频之于社交媒体网站的形式在世界范围受到广为传播，成为一种形象化生存的社会必需品；又有以Gif动图之于传统平面设计，动效之于界面设计（UI）、游戏设计，动态信息设计之于新媒体展示等的形式存在，使得传统视觉领域由静态转向了动态，并且由于传播方式的改变产生了相应的新的内容、审美和文化。与此同时，在经历了较长时间的探索实践之后，专业领域的学者和实践者一方面在新技术、新媒介的加持下继续拓展动态媒体的边界，另一方面开始回溯动态媒体设计的源初脉络和基础要素。如果说运动是世界的本源，在这个意义上广义的动态媒体设计的发展历史往前不仅可以追溯到一百多年前欧洲放映的短片，也许应该是更早的对带有图像的转动玩具的各种尝试和实验，或者更远甚至是人类起源之初不知具体年份的小孔成像或柏拉图洞穴时期运动世界的视觉记录和表现。而如何将历史和最新的媒介技术和环境产生勾连，则是未来很长时间需要继续探索和研究的。

动态媒体设计的基本特征

在设计学科和动态相关的研究中，设计师和学者奥斯汀·肖（Austin Shaw）在《动态视觉艺术设计》（*Design for Motion: Fundamentals and Techniques of Motion Design*，2016）一书中认为，动态设计（motion design）的特点在于"有两个不同的极端:一端偏向纯艺术，另一端偏向设计或商业艺术"。其中靠近艺术领域的一端，"动态(Motion) 意味着神秘或模糊";而靠近商业艺术领域的一端，"动态旨在传达确定性"，但其中也有一部分动态设计同时包括纯艺术和商业艺术两个方面。也就是说，"一个商业广告可能源于艺术和神秘，但完成时则以确定的设计图呈现"。具体的例子如，"时长30秒的广告，前25秒都在激发观众的情绪和想法，但最后的5秒是以品牌标志为结束画面，让观众明确知道谁是信

22
奥斯汀·肖，《动态视觉艺术设计》，2018：1–2。

23
同上：1。

24
Jan Kubasiewicz and Brian Lucid, *Type On Wheels: Brief Comments On Motion Design Pedagogy*，in A. Murnieks, G. Rinnert, B. Stone, & R. Tegtmeyer (eds.), *Motion Design Education Summit 2015 Conference Proceedings*, 2016: 61–70.

息传递者"。作者认为，正是"这种通过'动态'实现的艺术与设计之间的转换，让动态设计对于创作者和观众颇具吸引力"。[22]

根据这一论述，书中按照笛卡儿坐标模型绘制了图示，两根正交轴线的两端分别是"具有神秘感的艺术—具有确定性的设计"和"静止的图形—变化的运动"，原点所在的中央区域则是动态设计。同时，奥斯汀·肖还指出，"动态设计是一个结合动态媒体（motion media）和平面媒体（graphic media）的新兴领域。动态媒体包括动画、电影以及声音等学科，动态设计的基本要素随着时间推移不断变化；平面媒体包括平面设计、插画、摄影以及绘画等学科，此类媒体的图形形式不会随时间改变。从某个确定的角度来看，平面媒体是静止的。"奥斯汀·肖认为变化（change）是动态设计的基本特征，"动态设计随着时间而发生改变，因此通常被称为'时基媒体'，而变化发生在连续的几帧、几秒、几小时，甚至几天。交互动态装置艺术和新媒体艺术可能甚至没有固定的一段持续时间，或者有着变化的时间线"[23]。

同一时期的另一位学者、艺术家、设计师，麻省艺术学院动态媒体系创始人扬·库巴谢维奇则强调了动态设计更依赖于动态媒体（dynamic media），并且具有动态性（dynamism）。"我们如何定义动态媒体？也许更广泛的问题是我们如何定义动态性？"他在《轮子上的文字：浅谈动态设计教学》（Type On Wheels: Brief Comments On Motion Design Pedagogy，2015）一文中从三个方面探讨了"动态性"：从物理学意义上，动态性与运动有关或由运动引起，我们几乎每天每时每刻都会经历运动，运动是绝对的；从社会学意义上，动态的特点是不断变化或进步，运动可以被视为一种变革；从当代通信技术的语境上，动态性与交互系统或过程有关，涉及为人们带来有意义的体验。[24]

可见，动态媒体设计与其他学科相比而言，其较为显著的基本特征是更具有吸引力、娱乐性、参与性、具身性、可感知性等。动态媒体设计自身的语言，也从原来的平面设计、视觉传达、影视动画等学科继承而来的可识别性、可读性、可达性扩展到更广泛的范围，诸如动态性、交互性、体验性、条件性运动和响应性（dynamism, interactivity, experience, conditional motion, and responsive）等关键术语，共同建构了对当今动态媒体设计更全面的理解[25]。

但动态媒体设计的目标和贡献，又不仅仅于此。世间万物都在运动变化之中，静止是相对的，运动是绝对的。人类对于认识、掌握、再现"动"的愿望自古至今从未间断，包括对运动世界的记录、模拟和再现，以及对"动"感知方式的认识和创造。只是不同时期和不同地域的人们，对此的认识有所不同，并且会使用不同的媒介有针对性地尝试和探索表现的技巧和可能性。信息传达、阅读、传播和交流方式不仅仅可以通过静态的纸质媒介，同样可以是动态的形式，而且在数字网络智能时代，万物皆媒，传达的主体不再只是文字、图形、图像，不再只是以平面纸媒作为载体，在物理或虚拟的时间、空间维度可以以任何媒介为载体，因此，以动态的方式传达和感知信息，使信息的传达和交流具有更多可能性。"它就像一块集合了创造力、编排和配器的极其丰富、动态而活跃的画布……它是一种创造性的思维方式，使我们能够构建多维度的叙事来刺激感官、激发情感、保持注意力和增进理解。"[26]而动态媒体设计所处理的信息，已不再是单纯的视觉信息，还包括我们对运动、时间、声音，甚至触觉、嗅觉等信息的接受和感知，以及它们和视觉的关系。

在这个意义上，动态媒体设计不仅是图像时代视觉感知维度的"运动"（motion），更是数字媒体时代思维和方法维度的"动态"（dynamic）——它代表了运动、变化、交互和体验，涵盖了设计、艺术、科学和工程的跨学科领域。

因此，对于本书而言，动态媒体设计是基于平面设计基本原则，运用电影语言、动画技巧、媒介手段、计算机科学等多种学科，以多模态感知的动态方式进行信息传达、交流或表达的具有数字媒体时代特征的设计学科的重要分支之一。

25

Camila Afanador-Llach, "Motion in Graphic Design: Interdisciplinary References for Teaching", in R. Brian Stone and Leah Wahlin eds., *The Theory and Practice of Motion Design:Critical Rerspectives and Professional Practice*. 2018: 34.

26

R. Brian Stone and Leah Wahlin, *The Theory and Practice of Motion Design:Critical Rerspectives and Professional Practice*, 2018: XII.

设计原则和创作过程

动态是世界与生俱有的特质，动态媒体设计是设计对当今这个不断变化的时代的回应之一。设计的艺术是艺术和商业、艺术和技术、实用和表现、群体和个体、现实和想象、具象和极简、过程和成果、创意和实施等多种复杂条件之间的结合和平衡，而设计师则是架设沟通桥梁的那个人。

设计和艺术相比通常天生带有更多限制条件，比如来自业主的要求、来自用户的需求、来自预算的计划、来自工艺的要求或来自场地的条件，但一个好的设计通常是在过程中不断协调、平衡的相对完美的结果，而过程的复杂性也在一定程度上保证了成果的原创性。

动态媒体设计的跨学科属性，使得和其相关联的学科和领域至少包括平面设计、视觉传达、动画、电影、声音、插图、摄影、绘画、交互设计、装置艺术和新媒体艺术、计算机软硬件等。那么，它们之间的重叠和不同有哪些呢？好的动态媒体设计有什么标准吗？

这其中，如前所述动态媒体设计主要用于信息传达和交流，在这一点上和平面（图形）设计或视觉传达设计有非常紧密的关联性。平面设计强调通过对文字、图形、符号、图像等的设计和编排产生和传达视觉信息。视觉传达则相对更强调通过印刷媒介或数字媒介把视觉信息传达和传播给受众，设计师是信息的发送者，观众或用户是信息的接收者，最终达到传播设想和计划的目的和效果。不管是20世纪六七十年代在电影电视领域，还是之后数字媒体引入后的互联网领域，或者当前更多元的现实和虚拟混合的展示、体验、游戏领域，动态媒体设计的目标都同样是作为传达和交流信息的手段、媒介和方法。

从创作的角度，好的优美的动态作品必然基于或始于漂亮的图形图像。"一幅静止图像能确定空间、纵深和焦点，也能展现视觉风格，是动态设计项目中的某一帧。从一幅画面开始，设计师基于这单一画面进行想象并规划动画。以图形形式能更有效地进行构图，然后再将其转化为动态形式。不管图像风格如何，需要强有力的构图来引起观众兴趣。对比和张力原则——作为一种激发兴趣的方法，既适用于平面设计，也适用于动态设计。"[27]

27
奥斯汀·肖，《动态视觉艺术设计》，2018：2。

但反之，好的平面设计不一定能发展成好的动态作品。一不小心，就可能会像是在播放不连贯的PPT，或者就像很多KTV中因为没有音乐视频版权而随便用一段影像（大多是海滩边漫步女郎）作为歌曲配图的情况，声音和图像毫无关系，使得歌曲原有的特质不是得到提升而是减弱。因此，从这一点来看，除了对比和张力，更重要的是，动态提供了与节奏和张力因素一起创造的可能。因此，无论作品实际持续时间如何，在时间线上创建出有趣的内容和节奏感是最重要的。

在如何处理"节奏"和"张力"的关系上，动态媒体设计涉及的素材更丰富，除了平面设计中常用的文字、图形、符号、图像之外，还有电影动画中常用的实拍影像、序列图片、照片、声音等。但是和电影不同的是，大部分电影中所使用的连续拍摄的影像，对动态媒体设计而言不是必须的。另外，动态媒体设计师在对素材的处理上更像动画师，是画出、渲染出、绘制出真实世界中原本不存在的图像，是设计师自己的创作；并且任何能动的、不能动的，在视觉暂留的魔法之下，还要使其动起来。但和动画相比，大部分动画创作需要处理的工作主要是如何使任何物体和生命体拟人化——不管是一朵花、一把椅子、一只小鸡或恐龙……都能像人类一样有生命体征；而动态媒体设计因为以传递信息为主要目标的缘故，因此其"动"也就更为抽象和客观。

当然，其中也有些难以归类的作品，如上面奥斯汀·肖列举的广告片的例子；另外，有一些在动态媒体设计、电影、动画这三者之间，通常被冠以实验动画、实验影像的作品，则是有意识地试图从工具、方法、媒介、叙事等各个角度突破常规类型的边界。

大部分的动态媒体设计创作都是通过文字、图形、符号、图像、影像、序列图片、声音作为传达和交流的手段、媒介、方法，创造性地保证信息传达、交流和交互过程中的可识别性、可读性、可达性、可适用性，通常运用的基本原则包括但不限于：

28
奥斯汀·肖，《动态视觉艺术
设计》，2018：3。

29
Liz Blazer，《动画叙事技
巧》，2017。

- 平面设计中的构图、和谐、对比、对称、平衡、比例、形变、拼贴等原则；
- 动态设计中的节奏、韵律、重心原则；
- 影像和动画艺术中的蒙太奇、视觉叙事、视听语言等方法和原理；
- 交互设计中的反馈原则等。

当前动态媒体设计相关的项目类型多样，包括商业广告、电影片头、网络品牌、广播节目包装、数字标识、投影、游戏视频、网页横幅、用户体验设计和互动设计。YouTube（油管）、Instagram（照片墙，简称ins）、Facebook（脸书）和抖音等数字社交平台上也开始出现的新兴市场。另外还包括相对不太商业的动态设计项目，如科普类信息可视化短片、实验短片和艺术装置等。因此，面对大量的市场和社会需求，当前国内外的动态媒体设计领域产生了一大批新型公司或工作室，有些像是传统电影制作公司和设计公司的混合，有些还包括传统广告公司的特点。其制作团队通常是创意和制作人员组合而成，创造性工作主要由设计师、动画师、剪辑师、艺术总监、撰稿人、创意总监和实拍导演完成；制作方面，则有协调员、制片人和执行制片人，也可能有销售代表、招聘人员或其他类似如制作助理等人员[28]。

"为动态而设计"是这类创意公司或工作室的目标。美国电影制片人、设计师莉兹·布莱泽（Liz Blazer）在其《动画叙事技巧》（*Animated Storytelling: Simple Steps For Creating Animation & Motion Graphics*，2015）一书中总结了创作令人难忘的动态作品的工作流程一般包括四个阶段——概念设定、前期制作、故事板和设计，并且强调遵循这四个阶段保证了整个创作过程的可控性。此外，对于如何创作出生动、吸引人、具有想象力的动态作品也给出了10条基本操作流程：前期制作、讲故事、故事板、色彩感觉、怪异科学、声音创意、设计幻想世界、技术、动起来、展示和讲述。[29]

而对于在实践中摸爬滚打的动态媒体相关领域设计师而言，其学习成长过程或之后的职业规划，可以借鉴艺术家、电影导演艾萨克·维克托·克洛（Isaac Victor Kerlow）给出的10点建议：做好改变的准备、关注现实的目标、了解自身的数字技能、随时更新和定制简介与作品集、做好以团队成员身份工作的准备、培养对制作过程的理解力、关注可能影响健康的问题、学习数字创意的历史、了解职业生涯的方方面面、持续拓展艺术视野[30]。

这10点建议指出，动态媒体设计师不仅需要持续关注和学习历史理论和数字技能，更需要寻求一种动态平衡——既包括创作过程中的多方平衡和合作，也包括职业生涯中的工作和健康的稳步发展和改变之间的平衡。

而对于在校学习的学生，本书根据设计实践类课程的一般规律，同时参考了上述行业实践中的项目流程和特点，总结了动态媒体设计课程作业的通用流程，绘制了完成每个步骤的过程中需要规划和检查的事项表。如表3.1中所示，一个完整的课程作业大致分为六大步骤，其中需要注意的是：

▪ 记录、调研、测试、优化需要贯穿项目的全过程，也就是说，调研不仅仅局限于课题前期，而是需要贯穿于每个环节，如具体的动效调研、软件调研等；
▪ 六大步骤并非完全线性发展，而是可能不断循环往复，并且都是为了整体概念而进行深入、优化和迭代。

只有这样，才能保证项目的完整性、一致性和作品的原创性。

本章小结

本章在回望历史的基础上，试图回归基本问题去探寻动态媒体设计的本质特征和自身语言。动态媒体设计的实践和研究的成果是创作者、研究者对时代精神的回应，是对实践成果、历史经验的总结，是所有人不断拓展学科边界的过程。随着人工智能的发展，未来的设计也许不是现在这样，未来设计类课程的上课方式可能也不是现在的样子。未来设计师在学习的同时要不断提升发现问题、进行选择的能力，以及因合作而让更多人参与的教学讨论和建设的能力，这也是人工智能的机器在短时间内还无法超越人类而拥有的重要能力之一。[31]

30
Isaac Victor Kerlow, *The Art of 3D Computer Animation and Effects*, 2000: 25.

31
德裔美籍计算机科学家约瑟夫·魏岑鲍姆（Joseph Weizenbaum, 1923—2008），1966年根据美国心理学家卡尔·罗杰斯（Carl Rogers，1902—1987）发明的一种心理咨询师和病人之间的谈话方式，开发设计了史上第一个聊天机器人软件ELIZA，名字则取自萧伯纳的戏剧《卖花女》（Pygmalion）中名为伊丽莎·杜利特尔（Eliza Doolitle）女主人公。1976年根据用户和聊天程序互动后的反馈，魏岑鲍姆反思了人工智能和人类的关系问题，出版了《计算机的力量和人类的理性：从判断到计算》（Computer Power and Human Reason: From Judgment to Calcualtion）一书，讨论了人和机器的不同，认为"人工智能也许是有可能实现的，但我们不应该让计算机来做重要的决定，因为计算机将始终缺乏人类的某些品质，比如怜悯与智慧"。魏岑鲍姆区别了决定（deciding）和选择（choosing）的区别。他认为，决定是计算行为，是可以被程序化的，但是选择的能力才使人类最终成为人类，选择是判断的结果，不是计算的结果。人类的综合判断应该包括如情感之类的非数学的因素。这部分内容参见：吴洁，《数字人类的起源》，2006：185。

32
Jennifer Bernstein, "Re-framing Design: Engaging Form, Meaning, and Media", in R. Brian Stone and Leah Wahlin eds., *The Theory and Practice of Motion Design*, 2018: 46.

33
瓦尔特·格罗皮乌斯《包豪斯舞台·1961年英译本序》，载《包豪斯舞台》，2014:101.

"如果我们认为设计教育和实践的范畴是从对形式原则(结构)的理解开始，逐渐扩展到创造意义(信息)，最终解决所有方面(形式、意义和媒体)，这能帮助我们整合不同学科的理论，并开始建立一个更连贯的框架"[32]的话，在这个意义上，对动态媒体设计语言及其传播方式的研究不仅应该纳入艺术设计的基础研究，成为培养具备跨学科知识、媒体整合思维能力和新媒体设计技能的新型视觉设计人才的基础，同时也为屏幕一代（Screenagers）文化自觉的媒介素养的养成提供可供参考的理论和实践参考，"最终使得我们的视觉环境与新的文化协调一致"[33] [图3.1]。

图3.1
数字网络时代的媒体环境（图片来源：参考《影像叙事的力量》一书封面绘制）

电影银幕
Film Screen

电视屏幕
TV Screen

移动手机屏幕
Mobile Phone Screen

电脑屏幕
Computer Screen

装置屏幕
Installation Screen

建筑外屏
Building Surface

沉浸式体验（球幕）
Immersive Experience（Dome-screen）

沉浸式交互环境
Immersive Interactive Environment

表3.1 课程作业通用流程和规划事项检查表

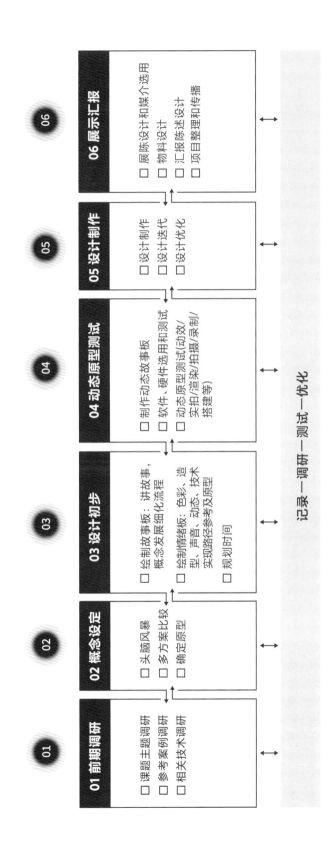

01 前期调研	02 概念设定	03 设计初步	04 动态原型测试	05 设计制作	06 展示汇报
□ 课题主题调研 □ 参考案例调研 □ 相关技术调研	□ 头脑风暴 □ 多方案比较 □ 确定原型	□ 绘制故事板：讲故事，概念发展细化流程 □ 绘制情绪板：色彩、造型、动态、声音、技术实现路径参考及原型 □ 规划时间	□ 制作动态故事板 □ 软件、硬件选用和测试 □ 动态原型测试(动效/实拍/渲染/拍摄/录制/搭建等)	□ 设计制作 □ 设计迭代 □ 设计优化	□ 展陈设计和媒介选用 □ 物料设计 □ 汇报陈述设计 □ 项目整理和传播

记录—调研—测试—优化

延伸阅读

- Liz Blazer，《动画叙事技巧》，2017。

《动画叙事技巧》一书作者莉兹·布莱泽（Liz Blazer）针对动画和动态设计师如何进行创作的全流程编写了简明扼要的指导手册。书中总结了创作过程的四个阶段以及10条基本操作流程，并且给出了详细的解释和相应的案例，是一本入门级的读物。

- 奥斯汀·肖，《动态视觉艺术设计》，2018。

《动态视觉艺术设计》一书详细介绍了动态设计的过程和基本原则，旨在帮助读者理解如何提出想法和为动态而设计。本书基于作者在萨凡纳艺术与设计学院动态媒体设计（motion media design）方向开设的"为动态而设计"这门课程，书中包含课程的成果，同时书中作者也邀请了行业内专业人士分享他们作为动态设计师的个人观点和经验。

- R. Brian Stone and Leah Wahlin, *The Theory and Practice of Motion Design: Critical Perspectives and Professional Practice,* 2018。

《动态设计理论和实践批判性视角和专业实践》是一本收录了涉及当今这个领域中广泛思想的文集，包括论文和访谈两类文章，主要聚焦在动态设计作为一系列理论问题和动态设计作为一种创造性的专业实践活动这两个方面。编者希望通过这本书鼓励实践者和学者之间的深入对话，促进合作和探索，推动学科的发展。

课后作业

从本章节提到的网络平台、相关竞赛或奖项中，选择一件世界范围内有影响力的、和动态媒体设计相关的竞赛获奖作品，结合文字和图示等资料详细分析其作品应用领域和场景、作品创意、故事板、色彩设定、声音处理、技术、发布媒介等，并且就此作品评委评价以及此奖项的历史、特点、发展等做调研。

04　教学研究：基础与整合

上一章我们概述了动态媒体设计通常是一种用于信息传达的集文字、声音、图形、图像、影像等多种媒体于一体的作品，这一跨学科属性使其作品更吸引人、传播更快，但对创作者或学生而言，也就意味着需要花更多时间和精力进行学习。而数字化网络时代，线上资源极其丰富且易于获得，并且可以随时随地访问，这使得学习似乎不再受到时间和空间的限制。那么在这一背景下，学校是否还有存在的必要？

在20世纪90年代末互联网刚开始于全球普及之时，高校和业界就对此展开过激烈的讨论。而如今进入21世纪，网络课程、视频网站、数字图书馆等提供了古今中外众多相关资源的链接，从某种程度上来说，物理意义的学校可以不存在，学生完全可以在家通过网络自学，而疫情时代更促使人类被迫加速了这一进程。

另外，现实情况是，学校的种类越来越多，总体数量逐年增长，学校通过教育改革，吸引着越来越多的学生走进校园，通过人与人（包括老师和学生、学生和学生）面对面的交流，授受通过网络无法完成的那部分学习内容。也就是说，对学校教学而言，系统全面的互动式教学是其不可替代的优势。当然，关于哪些内容适合通过网络学习，哪些内容适合在线下学习，教学的方式应该有怎样的相应改变，这些问题依然将伴随着未来整个的教育改革。

艺术设计教育的核心目标，是最终使学生手脑协调、身心统一。艺术设计教学过程中一直存在着动脑和动手、整体和局部之争，既要有好的创意，也能有好的实践，两者是密不可分的。创意会激励在现实中寻找实现的途径，而同时现实中具体条件的限制或可能性也可能刺激好的创意的形成。如果只强调或者演练局部，学生就会比较容易迷失方向，缺少实验和创新；但如果只强调整体，没有具体的分析和实际的演练，就会好高骛远，眼高手低。19世纪末20世纪初的约翰·杜威（John Dewey，1859—1952）[1]的实用主义、鲁道夫·斯坦纳（Rudolf Steiner，1861—1925）[2]的人智学等理论，不仅仅提出了新的教育理念，并且创办了实验学校，将理念付诸教育实践。在这个意义上，瓦尔特·格罗皮乌斯（Walter Gropius，1883—1969）[3]认为艺术设计是总体艺术（Gesamtkunstwerk），他也成为影响整个现代艺术设计教育的包豪斯学校的创始院长，推动并实践了这一教育理念。

系统的基本设计

狭义的动态媒体设计本身的发展和计算机、互联网有着密不可分的联系，大量的作品使用计算机作为创作工具，为互联网而创作，并且借助互联网分享和传播。原仅限于专业领域或需要专业设备和软件来制作的动态短片，近年来也越来越大众化和普及化，就如同当今手机中随手可得的美图软件可以使得任何人都能够很方便地完成基本的修图需求一样。这类软件提供众多经过精心设计的可供选择的模板，只需简单的选择和操作，最后完成短片的视觉表现力就有很大提升，甚至成片的效果在某些方面接近专业级水平，更有可能好于刚刚开始专业学习的学生作品。

在艺术设计领域，虽然现成的软件提供了便捷的效果，但当一种形式成为模板、经典或范式被广为使用后，很快就会因为千人一面的雷同而被舍弃或淡忘，直到新的范式的产生。而学校存在的原因，也恰恰是其最终应该是孕育和培养创造新范式的人才的场所。

但专业学习通常依然是一个从了解模板或范式开始，同时进行反模板或反范式的思辨，最终目标是形成新模板或新范式的过程。人类的创造性，正是在这费时费工的学习和实践中，当精神层面和技术层面磨合得天衣无缝时，才得以发出其光芒。

作为人类自我表达和交流媒介的动态媒体设计，是一种新的编码现实的

1
约翰·杜威，美国哲学家、教育家、心理学家，现代教育学的创始人之一，实用主义的理论建构者，也是机能主义心理学和现代教育学的创始人之一。他的著作涉及广泛，包括科学、艺术、宗教伦理、政治、教育、社会学、历史学和经济学诸方面，使实用主义成为美国特有的文化现象。杜威批判了传统的学校教育，并就教育本质提出了他的基本观点："教育即生活"和"学校即社会"。

2
鲁道夫·斯坦纳，奥地利哲学家、教育家。创立了人智学，通过科学的方法来研究人的智慧、人类与宇宙万物之间的关系，同时以人智学为理论基础开办了许多机构。1919年，鲁道夫·斯坦纳根据"人智学"学说在德国斯图加特（Stuttgart）创办了自由华德福学校，设置课程有自然科学、音乐、艺术和宗教，同时十分重视手工劳动，被认为是代表未来教育的典范。

3
瓦尔特·格罗皮乌斯，德国现代建筑师和建筑教育家，现代主义建筑学派的倡导人和奠基人之一，魏玛包豪斯学校（Bauhaus，1919—1933）的创办人，积极提倡建筑设计与工艺的统一，艺术与技术的结合，讲究功能、技术和经济效益的整合。

4

莫里斯·德·索斯马兹，
《基本设计：视觉形态动力
学》，1989：10。

语言，其语法规律有待发现。而人类在学习语言的自然过程中，单词的
学习是必须的，语法规则是模仿、试错的实践和积累的结果。动态媒体
设计的学习过程，同样遵循这样的规律。因此，我们希望回到对基础的
字、词、句的探究，从中发现动态媒体设计语言的普遍规则，提供讨论
问题的交流术语，明确特定场景、特定问题的解决方案和延伸性思考，
而类似的研究同样可以借鉴艺术设计领域中其他相关成果：

美国建筑理论家克里斯托弗·亚历山大（Christopher Alexander，1936—
2022）致力于发现处理设计过程的新方法，他领衔编写了《建筑模式语
言：城镇·建筑·构造》（*A Pattern Language:Towns,Buildings,Constructi
no*，1977）一书，目的是找到建筑设计的基础语言。作者从大量的建筑和
规划实践中精心提炼出253种描述城镇、邻里、住宅、花园、房间及构造
的模式。这253种模式构成一种语言的基本词汇，可以创造出千变万化的
组合。

英国著名设计教育家莫里斯·德·索斯马兹则强调设计基础教育对于设计
基本问题的追问和练习的重要性，他称其为基本设计（basic design），
即"基本设计应该是一种思想的姿态，而不是一种方法；基本设计应该
主要是一种探究的形式，而不是一种新艺术形式；基本设计不仅探究那
些能显示所使用材料特征的符号和结构，而且探究那些使我们对周围环
境作出个性反应和独特表达的源泉和语言；基本设计与各个领域中基本
感觉的形式有关，它绝不是极端抽象和非象征性的；我们对于'现实主
义'和象征性等问题的研究态度有必要细致地加以反思和改变了；基本
设计显然不应局限于其自身范围之中，而是意味着使创作者个人更强烈
地意识到他所控制的表现力的源泉；基本设计培养对各种大大小小现象
的好奇心，无论是纸上的还是油画布上的，是外部世界中的还是内心世
界视幻觉中的，以及个人反应和个人偏好"[4]。

而艺术家、媒体理论家列夫·马诺维奇（Lev Manovich）在其2001年出版的
《新媒体的语言》（*The Language of New Media*）一书中写道："'新媒
体'这个术语在1990年前后出现，指基于计算机的文化作品。我们可以像
讨论'旧媒体'一样，讨论新媒体的视觉维度，如色彩、构图、节奏。

实际上，20世纪20年代，苏联的高等艺术暨技术学院和德国的包豪斯学院逐渐形成一套设计语言，并将其发展成教学系统；这套语言非常适合描述新媒体的视觉特征。但新媒体也出现了新的维度，如交互性、交互界面、数据库组织、空间导航，同时出现了一系列新的创作范式，如编写代码、使用筛选器、数字合成和3D建模。"[5]他曾经从单个作品出发，"描述组成视觉作品的元素和维度中，并理解它们是如何被我们的感官和大脑处理，从而生产意义和情感的"[6]，而当前他则尝试运用大数据、人工智能等从群体作品中发现其中的规律。

对于动态媒体设计教育来说，我们同样相信，越是基本的，越是有原创性，越是基本的，越是有可延展性。动态媒体设计作为跨学科的交叉领域，其既新又旧的媒体特性，使得它涵盖了诸如文字、图形、图像、声音、时间、运动、编排、传达、交流、感知、媒介、反馈、代码等众多的基本元素［图4.1］。而这其中的创新可能在于：

- 不断提炼基础元素的数量；
- 改变或增加规则或算法；
- 增加局部或者系统的复杂性；
- 拓展界限，直到打破旧的整体性；
- 整合重组，产生新的整体或语言体系。

本书第二部分选择了"运动观测""物体研究""视听联觉""时序编排""场域转换"这五大基础要素，以及第三部分中"机械之眼"和"动态装置"这两个综合主题展开讨论并给出了教案。但这也只是一些可能，因为哪怕是诸如成为共识的"建筑模式语言"，我们也应该清楚地认识到，其数量、种类、内容等随着时代的变化、科学技术的发展、观念的改变等诸多因素而处于不断变化、更新和发展中。更何况，就如俄国构成主义艺术家瑙姆·嘉博（Naum Gabo, 1890—1977）在其《艺术中的构成主义观念》一文在探讨关于视觉艺术的要素和这些要素所呈现的世界表象之间的关系中所写："某一视觉艺术的要素，诸如线条、色彩、形式，都具有其自身的表现力，从而独立于世界表象的任何关系之外……。"[7]

5
列夫·马诺维奇，《新媒体的语言》，2020；4。

6
同上：5。

7
嘉博，《艺术中的构成主义观念》，摘自罗伯特·赫伯特，《现代艺术大师论艺术》，2003；191。

组合渐进式的短小作品

教学过程是一个从整体到局部、从局部到整体的双向过程。一门设计实践类课程，从内容和形式来看应该是一个有机系统。以我们动态媒体设计课程为例，包括讲课、研讨、工作坊、创作实践等环节。

- 讲课部分包括历史、理论、方法、技术等；
- 研讨部分包括经典案例、行业前沿、未来趋势等；
- 工作坊部分包括和实践课题相关的需要其他专业领域的专家、教师来支持或协同补充的启发式或技能类实操学习的短期课程；
- 创作实践部分包括课程中需要学生通过不断讨论、发展、实施的迭代过程来完成的设计课题部分。

因此对教师来说，做课程计划时直接面对的问题也还是最基础的问题：时间、地点、人。怎样教学？教什么？这些因素将直接影响到教学内容和课题设置。

- 首先考虑的是人的因素，包括课程是针对哪些学生，他们的前修课程、知识背景、班级人数等；
- 接下来是时间。总共有多少课时？每周几次课？每次课多少课时？
- 哪些内容是必须讲的？哪些内容可以根据情况作为补充内容讲？

随后教师在进行课程组织的时候，需要根据人、时间等因素灵活组织教学内容。比如我们分别给高中生和大学低年级本科生以及研究生上过类似内容的动态短片设计课程。课程基本涵盖历史、技术、创作实践环节，但是考虑到不同年龄阶段的学生特点不同，各部分占比各不相同，三者的比例关系大致如图4.2所示：

- 给高中生的课程，讲课占比小，高中生的兴趣和成就感在于动手操作和实现作品，因此只在课程开始时以讲课形式进行引导式教学，并且以案例赏析为主，起到提供背景知识和参考作用，大量

图4.1 广义动态媒体设计的内涵和外延

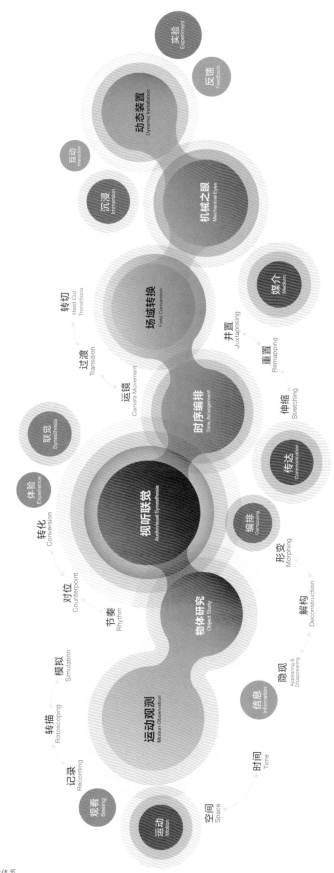

实验
Experiment

反馈
Feedback

动态装置
Dynamic Installation

互动
Interaction

机械之眼
Mechanical Eyes

沉浸
Immersion

媒介
Medium

转切
Hard Cut
Transitions

场域转换
Field Conversion

并置
Juxtaposing

过渡
Transition

重置
Remapping

运镜
Camera Movement

联觉
Synesthesia

时序编排
Time Arrangement

伸缩
Stretching

体验
Experience

传达
Communication

转化
Conversion

视听联觉
Audiovisual Synesthesia

编排
Composing

对位
Counterpoint

形变
Morphing

节奏
Rhythm

物体研究
Object Study

解构
Deconstruction

模拟
Simulation

隐现
Appearing &
Disappearing

转描
RotoScoping

运动观测
Motion Observation

信息
Information

记录
Recording

时间
Time

观看
Seeing

运动
Motion

空间
Space

图4.2
不同学习阶段中不同课程内容
的占比示意图

时间留给学生实际动手完成作品。

- 大学本科生应该在知识背景和实际技能方面有更深入的掌握，因此适当增大历史理论和案例分析部分的课时，使其在创作时能基于更高的要求和专业水平；
- 研究生课程中历史脉络、案例分析占到最多课时，技术基本自学，实践部分以点评讨论为主，旨在更多帮助学生发现问题和找到解决方案。

除此之外，即使同样是本科生，这门课我们也上过不同课时数：有一个学期16周每周两次，每次4课时；也上过时长8周每周两次，每次4课时。我们也上过不同人数的班级：三四十人的大班，或者只有七八人的小班。因此，制订具体教学计划时，需要根据教学的总时长、教学节奏（主要指每次课的时长，以及每两次课之间的间隔时间，以此作为依据考虑学生的听课体验和课后完成作业的时间）、学生人数（主要影响课堂汇报、讲评、课堂讨论所需要的时间）等各种因素综合考虑。

我们在一种动态的过程中，逐渐形成了一种局部和整体结合的课程框架，其中的好处是我们可以根据具体情况，因人因时因地制宜进行组合，在保证动态媒体设计教学整体目标的同时，在局部选择上具有灵活性。具体的教学方法主要包括以下三条原则：

（1）以短作品为基础的三段式教学法

动态媒体作品的创作中时间维度是重要的考量元素，而在基础教学中，短作品通常比较容易聚焦在动态媒体设计某个基本要素本身，而暂时不用过多考虑叙事等长作品需要重点观照的因素。因此我们的教学中，其中比较重要的动态影像类作品的教学通常将10秒作为作品时长的基本模数。[8]一般设置有三种选择：

8

Isaac Victor Kerlow, *The Art of 3D Computer Animation and Effects*, 2000: 25.

- 单个时长10秒作品；
- 3个时长10秒构成的作品；
- 单个时长30秒~60秒的作品。

而这又分别对应了我们课程的三个单元，即我们的课程结构一般分为基础单元（elemental unit）、 复合单元（composition unit）、整合单元（integrated unit）：

- 基础单元：由不断扩展的基础要素课题库E（1）、E（2）、E（3）……E（n）构成，作品长度一般是10秒；衍生单元是某个基础单元的三种尝试：E（11）+E（12）+E（13），最后连成一个由3个10秒作品合成的作品；
- 复合单元：是由两个基础单元组成的课题，探讨两个基础单元之间的关系，一般采用10秒或者30秒的模数；
- 整合单元：是相对复杂和完整的课题，可以是多个基础和复合单元的组合，一般在30秒~60秒。

表4.1 动态媒体设计课程单元库框架					
基础单元	E(1)	E(2)	E(3)	⋯	E(n)
衍生单元	E(11)、E(12)、E(13)⋯	E(21)、E(22)、E(23)⋯	E(31)、E(32)、E(33)⋯	⋯	E(n1)、E(n2)、E(n3)⋯
复合单元	C(1)	C(2)	C(3)	⋯	C(n)
整合单元	I(1)	I(2)	I(3)	⋯	I(n)

由此构成了动态媒体设计课程单元库的基本框架和内容［表4.1］。

这一我们称为"三段式"的教学法，实际上是学习并借用了文学或艺术创作中常用的三部曲（trilogy）手法——指三个一组的相关联的作品，既可被看作一件单一作品，也可被看作三个独立的作品，在文学、音乐、戏剧、影视、建筑、绘画、装置、游戏等领域的创作中被广泛使用。这一概念被我们作为基础教学法应用在动态媒体设计这一课程中。

9

Liz Blazer, *Animated Storytelling: Simple Steps For Creating Animation & Motion Graphics*, 2015.

10

参见艾德·卡特姆、埃米·华莱士,《创新公司: 皮克斯的启示》,2015。以及纪录片 Leslie Iwerks, *the Pixar Story*, 2007。

此外,课程会根据实际情况对教学内容进行一定组合,但基本原则如下:

- 从点到面:课题从非常基本的训练开始,再到要求比较复杂的创作;
- 10秒原则:10秒作为动态媒体作品时长的基本模数;
- 动态组合:根据课程时间、学生人数等进行课题组合;
- 以点带面:不因为作品时长短而降低要求;
- 正向创作为主,逆向工程为辅:在课题中穿插动态作品案例分析练习,被称为逆向工程的训练,如根据一些知名获奖短片绘制序列帧故事板及一张最具代表性的静帧图;
- 技术支撑并启迪创作:课程中穿插相关技术的讲课、讲座、工作坊等,支撑并启迪创作过程。

(2)以过程为导向的原创

动态媒体设计作品的创作一般是有委托和相对明确的要求,可能包括主题、预算、时长、场地等,即使是为了参加竞赛或展览而制作的公益类作品亦是如此。基于这一特点,成熟的创作者或团队一般会采用相对固定的工作流程,通常包括创意阶段、概念深化、设计实施、媒体发布四个阶段。每个阶段再细分,可以包括概念构思、脚本、故事板、声音概念、动态故事板、媒介选择、素材准备、制作合成、后期处理、展示、发布等。[9]每个项目,根据规模大小、预算成本、时间周期、参与人员多少等不同条件和因素,各个环节所需要的时间的长短也是不一样的,越是复杂的项目,前期工作需要的时间越长、投入越大。只有这样,才能保证最终的成果能够按照最初的创意和设想最大限度地实施出来。如Pixar的三维动画电影,如果从公司内部开始立项到电影上映总共花了5年时间的话,那么其中前期创意阶段、概念深化阶段就需要2到3年的时间[10]。

而作为学校教学环节中的动态媒体作品的创作,往往是在课程时长限制下的创作,并且学生尚处于学习阶段,很多内容是第一次接触,并没有切身体会的既往经验可以参照,因此很容易直接参考其他成功的案例,造成一定程度的抄袭。因此，为了确保原创，教师在设计课题时需要着重考虑两个因素：

- 一要明确给出一定的边界条件，这样学生就不会任意发挥，从而造成没有任何评价标准的状况；
- 与此同时也要考虑课题的可延展性，这样当学生人数较多时，同一课题要求下学生依然有创作的空间，最后的产出也具有多种可能性。

此外，在整个教学中自始至终强调过程的发展是非常必要且必须的，特别是在当今人工智能的浪潮下，教师需要确保学生在设计的每一个阶段和每一个环节——研究、构思、草图、制作，都有较为清晰的意图，并且是不断发展和迭代的过程，这也是保证原创的重要路径之一。

（3）兼具结构性和灵活性的课程组织

动态媒体设计这门课的实践创作环节通常由三个围绕某一特定主题的课题组成，前两个课题偏向基础练习，第三个课题是需要在前两个课题的基础上，综合利用所学的知识、技能、方法完成创作，从课时长度到课题的复

表4.2 针对不同背景学生的课题组合模式					
	组合一	组合二	组合三	组合四	组合五
课题一	E(x)	E(x)	E(x)	E(x)	C(x)
课题二	E(y)	E(y)	C(y)	C(y)	C(y)
课题三	C(z)	I(z)	C(z)	I(z)	I(z)

杂程度和完成度都是要求最高的。课题可能的组合形式如表4.2所示：

在遵循上表的基本组合方法的基础上，同时考虑下列因素：

第一个课题通常是基础课题，探讨动态媒体设计中最重要的基本概念。

在表4.3给出的具体教学案例中，以教学案例一为例，首先确定了课程设计主题为"抽象图形和动态"，以及最后以"致敬抽象艺术"为题的动

2
详见本书第五章"运动观测：
记录、转描和模拟"。

3
详见本书第六章"物体研究：
隐现、解构和形变"。

4
详见本书第八章"时序编排：
缩放、重置和并置"。

5
详见本书第七章"视听联觉：
节奏、对位和转化"。

态图形复合课题，然后我们选择了基础单元"运动观测"作为第一个导入课题——主要是通过观察并记录自然中物体的运动规律，学习如何以图形的形式描摹并转译成屏幕空间中的动态[2]。教学案例二中，将图像和声音作为这一学期的教学重点，以及最后是以"致敬摄影艺术"为题的动态图形复合课题，因此我们选择了基础单元"物体研究"作为第一个热身课题[3]。而教学案例三，则将观看方式和媒介作为这一学期的教学重点，并且选择最后以"全景"为题的动态图形复合课题，第一课题则选择了"时序编排"作为导入课题[4]。

第二个课题通常是和声音相关的复合课题，声音在当今动态媒体设计创作中是必须要面对的因素。

艺术家和设计师不一定是音乐方面的专家，但声音在动态媒体作品中的作用越来越重要。而信息时代，数字化视频与音频之间拥有前所未有的整合与互动的可能性，掌握基础的声音设计知识和技能，已经日益成为动态媒体设计师的必备素质之一。课题二希望学生系统了解和掌握声音信息与动态图形、图像之间的相互关联以及整合方式的基本原理、相关设计技能，以多视角来展现这两种不同媒介之间碰撞之后产生的"化学反应"，并探讨相关设计思维和方法。课题二包括声音节奏工作坊和音画设计两个部分。工作坊会邀请专业音乐教师来指导，通过一些简单练习，不管是有音乐基础还是没有音乐基础的同学，可以迅速对声音设计有一基本概念。音画设计课题则要求学生根据给定或选择的声音作品，在分析作品特点并进行初步剪辑的基础上，为其设计合适的图形图像和基本的运动方式，最终完成准确的音画对位的视觉作品，使学生初步掌握声音和视觉的联觉关系[14]。

第三个课题则是更为复杂的整合课题，通常是基于时间的媒介实验探索。

数字网络技术的发展，使得媒介不仅改变了我们观看世界的方式，同样对视觉设计创作影响深远。图形图像的生成媒介从手绘、摄影、摄像到计算机生成日新月异，而且视觉影像呈现的界面和媒介亦发展迅速。不同的媒介不仅仅是创作的工具，同样也产生和呈现不同特性的内容，具

表4.3 不同背景学生的动态媒体设计相关课程案例[11]

	教学案例一	教学案例二	教学案例三	教学案例四	教学案例五	教学案例六	教学案例七	教学案例八
专业背景	本科媒体与传达设计专业（大二下学期）			本科媒体与传达设计专业		在职跨学科设计类研究生（研一上学期）	跨校跨专业设计本科生（大二/大三上学期）	高中学生（高二上学期）
学时	共72学时（9周，周一4课时，周四4课时）					共24学时（4周，周日6课时）	共36学时（6周，周日6课时）	共12课时（6周，周五2课时）
学生人数	38人	45人	48人	45人	50人	23人	10人	28人
前修课程	设计基础1（设计思维和表达），设计基础2（设计四栅序[17]），专业基础1（字体和平面编排）开源硬件，计算机软件，专业基础2（字体和平面编排）							
课程主题	抽象图形和动态	图像和声音	观看和媒介	跃动的声音	沉浸和互动	动态信息可视化	形象宣传创意短片	形象宣传创意短片
课题一	运动观测	物体研究	时序编排	声音对位	沉浸式空间影像	学院空间个绍短片（不同小组确定不同主题）	停格动画短片	停格动画短片
课题二	声音对位	声音五味	看图配音	声音图形	场域转换		X	X
课题三	致敬抽象艺术	致敬摄影艺术	全景	致敬视觉音乐	活动图像装置	根据《理解媒介》某一章节内容的动态图形介绍短片	学校空间介绍短片（不同小组确定不同主题）	学校生活介绍短片（不同小组确定不同主题）

11 该课程以用查德·布坎南的符号·时间—功能—空间的设计四阶序概念构想为框架。为能一空间的下关联性设计四阶序的基础。其中间间部分分为3周的动态影像课程。参见马谨、娄永琪，《基于设计四阶序框架的设计基础教学改革》，装饰，2016(6)：108–111。

6

详见本书第十章"机械之眼：
观看与沉浸"。

7

详见本书第十一章"动态装
置：回归与实验"。

有不同的视觉特性和美学趣味，逐渐成为创意设计的主体本身。课题三中学生会通过媒介专题研究以及媒介实验探索两个训练，初步了解和掌握不同媒介的发展及其特性。这一课题会要求学生在研究的基础上，结合之前所掌握的理念和技能，独立完成一个基于时间媒介的综合设计作品，并且需要学生掌握从基本概念、设计策划、素材选择、媒介选择、设计发展和修改完整的设计过程。前面课题的成果时长一般会在30秒以下，而这一课题的时长则要求在30秒~60秒。课题三常常将动态媒体设计和其他艺术设计领域与媒介技术产生关联，一方面从其他领域学习和传承，另一方面探讨新的可能性。如教学案例一和二是在对经典"抽象艺术"和"摄影艺术"的作品和艺术家的研究基础上，将其动态化演绎；而教学案例三则是在当今媒介技术下对"全景"这一观看形式下的实验[6]；教学案例四，则将动态媒体设计和电影发明之前的连续图像的观看形式再次产生关联[7]。

根据上述原则和方法，表4.3给出了我们在给不同年龄和专业背景的学生上动态媒体设计相关课程时，根据具体情况进行教学实践的其中八个教学案例：

教学案例一到五，都是针对本教材的主要授课人群——参加媒体与传达设计专业大二的必修课程《专业设计2》的学生。课程通常由三个相互独立又关联的课题组成。在实际制订教学计划时，我们会在动态媒体设计范畴下，先确定本学期的特别主题，再考虑第三个整合课题，然后从基础单元（衍生单元）和复合单元的课题库中选择合适课题作为课题一和课题二，并且课题一和二中又通常包含一个声音相关的单元。教学案例六到八，则是根据学生背景、课时等情况，在课程组织上做了相应简化，如减少课题数量，由一个要求相对简单的引导课题加一个要求相对复杂的课题组成，并且课题要求和形式也更为清晰明确。

动态媒体设计

本章小结

如果把动态媒体设计这门课本身比喻成动态发展中的有机生命体，那么可以借用诺贝尔生理学或医学奖获得者本庶佑对生命科学的描述："将生命体还原到分子层面进行解析，我们是否就能真正理解生命是什么？令人遗憾的是，答案是否定的。从现在开始，生命科学已经进入了需要整合各个构成要素的新时代，知道如何把握作为整体的生物体全貌，才能描述生命究竟是什么。换句话说，理解'分子编织的生命丝缎'已经成为生命科学家的梦想。"[18]

我们的教学，希望以启发式教学和培养兴趣为主，采用多样的教学手段，包括板书、电子演示、实物展示、表演工作坊、参观等各种教学方法和形式，鼓励团队教师勇于尝试不同的方式方法，目的是更好地完成课程的教学目标。课程不仅传授理论知识，而且通过循序渐进、由简而繁的课题设置，使学生逐步掌握专业知识，并能切实通过动手实践完成创作。通过大量的课程讨论和辅导，实行因材施教的教学原则，逐步探索动态媒体设计的全貌，为学生从低年级进入高年级的学习打下扎实的基础。

18
本庶佑，《生命科学是什么》，2020：VII。

延伸阅读

▪ 让尼娜·菲德勒、彼得·费尔阿本德，《包豪斯》，2013。
本书为包豪斯研究的学术专著，书中记载有大量的历史资料，可以作为
资料书使用；同时书中也包括大量学者的学术研究成果，提供包豪斯研
究的不同视角和维度，可供进一步研修。

▪ 莫里斯·德·索斯马兹，《基本设计：视觉形态动力学》，1989。
英国艺术家、艺术设计教育家莫里斯·德·索斯马兹延续了现代主义的设
计教学理念，同时强调了基本设计的重要性，并提出基本设计不是僵化
一成不变的，而是一种动态变化的思想和姿态。 并且在教学实践中，将
力、能和运动引入到基本设计形态训练中，探讨理智和情感、人类与物
质世界之间的关系。这本书也很大程度影响了我们的基本教学理念。

课后作业

请通过互联网或者实地调研国内外院校中任意一门和动态媒体设计相关的课程，尝试从多个角度调研并分析其课程简介、课程目标、课程计划、课程详细安排和要求、课程小结、参考文献、课程成果以及主讲教师的相关情况等，提出你对这门课学习的期望。

第二部分

要素研究与基础训练

05 运动观测：记录、转描和模拟

06 物体研究：隐现、解构和形变

07 视听联觉：节奏、对位和转化

08 时序编排：缩放、重置和并置

09 场域转换：运镜、过渡和转切

05   运动观测：记录、转描和模拟

针对动态媒体设计基础要素的训练，在本书中将分别就运动、物体、声音、时间、场域这五个要素进行分章节探讨。需注意的是，这些要素在具体设计环节始终是相互关联渗透的，但为了更好地理解，体会其中每项要素，在以下章节里会有所侧重，以展现动态媒体设计基本功与基础认知过程的必要环节。

在上述五个要素中，针对运动信息的研究是最为基础的一环。动态媒体设计中使用频率最高的一词motion，其英文原意指物体在空间中的相对位置随着时间而变化的现象。运动是物理学的核心概念，对运动的研究开创了力学这门学科；在生物学中，运动是生命的基本特征；而在艺术领域，通过各种媒介如绘画、雕塑、音乐、舞蹈、影像等来再现自然界中的运动和个体对运动的感知。motion graphics如果直译的话，是"运动图形"，但在设计领域，出于中文语感以及"运动"一词指向过于客观的物理世界等原因，大多将其翻译成"动态图形"，但当前在平面设计领域，当特指那些强调客观运动规律的动态设计时，也翻译成"运动图形"。

动态媒体设计师必须先在思维上将"运动"作为对象进行观察、体会、记录与再现，再经过一系列训练之后方可逐渐掌握如何在作品中设计出优美、优雅抑或奔放的动态内容。

有效记录运动信息

对设计师而言，获取动态内容的灵感来源可通过观察与体会自然物象的运动变化并转化改造为设计内容，也可根据脑中想象直接制作输出为连

续画面，但脑中的幻想世界也通常来自对生活和自然的观察与积累。由于人类视觉敏锐度限制以及人脑凭空记忆运动信息能力有限，人们更多时候需借助合理技术手段和媒介来协助记录运动内容，以便之后通过丰富生动的设计手法进行模拟、转换与再现。

就记录自然界真实运动信息而言，摄影摄像技术毫无疑问是其中贡献最大的。摄影技术的发展帮助人们看到了肉眼无法捕捉到的图像，尤其是在快速运动过程中瞬息万变的细节信息，不仅提高了记录效率，还拓宽了人类观看与理解世界的思路。

在艺术领域，摄影影响了写实主义运动，还与之后的立体派绘画、照相写实主义（photorealism）密不可分。即使在动态影像即电影被发明之前，19世纪的静态照相成像技术的发展就已经极大程度推动了人类对运动内容的研究，其中的杰出代表人物有埃德沃德·迈布里奇（Eadweard Muybridge，1830—1904）[1]和艾蒂安-朱尔·马雷（Etienne-Jules Marey，1830—1904）[2]，他们的研究成果对后世影响广泛深远。迈布里奇与马雷均通过将连续拍摄的静态照片以序列的形式展现来记录运动信息变化过程。不同时间段的图片内容并置或叠加在同一张画面，这便带给人们充足的时间来细细品读运动过程的各种变化细节，并能归纳出超越画面视觉本身的抽象的动态规律。而马塞尔·杜尚（Marcel Duchamp，1887—1968）[3]在创作《下楼梯的裸女二号》（Nude Descending a Staircase, No. 2，1912）中尝试将运动、时间和空间浓缩在一张画面上，就是深受前者影响［图5.1］。需注意的是，针对动态影像的记录即摄像技术，其实质仍是对连续静态画面的快速逐帧拍摄。电影胶片或数字化视频文件所记录的内容并非运动本身，其回放（播放）的影像是运动的幻象，其实质仍旧是静态图像序列。

如今随着流媒体和移动设备的普及，拍摄和浏览视频成为大众文化生活的重要组成部分。数字拍摄与传播技术的便利使动态影像"得来全不费工夫"，然而，人们面对复杂动态内容时能否产生足够的思考和创作动机，这一点的决定因素往往并非技术本身，而是人的思维活跃度。动态媒体设计师需要时常静下心来细细观察并归纳动态影像从生成到运行直

1
埃德沃德·迈布里奇，英国摄影师，因使用多个相机组成的装置拍摄运动人体和动物而著名，1887年出版了《动物的运动：动物运动连续阶段的电子拍摄研究》（Animal Locomotion:a An Electro–Photographic Investigation of Consecutive Phases of Animal Movements）一书。迈布里奇革命性的技术创造的图像，不仅影响了几代摄影师、电影制作者和艺术家，其中包括弗朗西斯·培根、马塞尔·杜尚、贾斯珀·约翰斯、赛·托姆布雷和道格拉斯·戈登等，甚至还影响了人体运动的科学研究。

2
艾蒂安·朱尔·马雷，法国科学家。在心脏内科、医疗仪器、航空、连续摄影等方面的工作卓有成效，被广泛认为摄影先驱之一和对电影史有重大影响的人。

3
马塞尔·杜尚，法国艺术家，20世纪实验艺术的先驱，达达主义及超现实主义的代表人物之一，受立体主义、野兽派影响，作品多带有反战、反传统、反美学的观念。

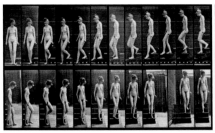

图5.1a

埃德沃德·迈布里奇拍摄的一组人走楼梯时的照片，约1887—1901（图片来源：Eadweard Muybridge, *The Male and Female Figure in Motion: 60 Classic Photographic Sequences*, 1984, pp. 82–83）

图5.1b

艾蒂安·朱尔·马雷1882年拍摄的飞翔的鹈鹕序列图像（图片来源：https://en.wikipedia.org/wiki/%C3%89tienne–Jules Marey）

图5.1c

马塞尔·杜尚的作品《下楼梯的裸女二号》（图片来源：1912年，布上油画，147.3厘米×88.9厘米，现藏美国费城艺术博物馆）

至输出渲染的各环节，创作构思时需努力跳脱表象内容的束缚，对动态信息本质所具有的位置、速度、加速度、方向、运动路径等进行记忆、思考与分析。被拍摄记录下来的再现真实世界的动态影像通常是作为创作者的参考、描摹的原始素材而存在，而针对最终视觉内容的处理仍需要回归到迈布里奇所处时代的"静态序列帧"式的思维模式，即认真严谨地对待每一帧静止画面之间的变化规律，并且时刻意识到影像媒介连贯内容的本质是运动幻象，只有这样才能游刃有余也驾驭动态媒体［图5.2］。

随着数字技术发展，动作捕捉（motion capture）技术应运而生，此类技术是通过记录每个标记点在二维或三维空间中的位置变化信息并将其对应为虚拟世界中的坐标信息变化。动作捕捉技术只负责记录每个采集点的运动信息，比如需要捕捉人类的全身动作，则需要将位于头部、四肢和躯体的若干个点位作为采集点，采集下来的一组数据的组合可以模拟此人的身体运动。由于动作捕捉并不会把被捕捉对象的身体具体形态描绘出来，因此我们可以将其理解为是脱离运动对象视觉形态之后只采集运动数据信息的手段。结合动作捕捉技术，人类、动物或其他物象的自然运动以数据流的形式自动复制到数字世界中，在影视特效、游戏、三维动画、医学工程等领域有大量的实际需求和应用［图5.3］。动作捕捉技术与摄影技术存在一定交集，比如通过一组光学设备捕捉真实空间中的标记点运动，此类方法相当于把人类或有机体的复杂运动内容分解为动态点阵离散的坐标移动信息，最终还需将这些运动点阵的合集重新组合复原成动态有机体（如3D动画中通过骨骼绑定等技术实现）。随着人工智能算法和计算机视觉（computer vision）技术的发展，电脑系统可以

更为便捷地识别经过普通摄像手段获得的2D视频内容中具体点位的运动信息并提炼为数据坐标，这样即使未着穿戴式标记点，也可将比如人体的动作分解为具有三维属性的空间运动信息。

数字技术的发展毫无疑问带来了前所未有的记录与体察运动信息的方式，但对设计师而言，万变不离其宗的使命仍是自身对设计内容的选择与把控，以寻求设计创造的内涵与意义。因此，我们并不能一味认为智能化的数字技术是更为高级的选项，也需要辩证看待通过传统拍摄乃至手绘速写记录运动信息方式的普适性与独特价值。

在设计领域，记录自然的目的是为了激发人类更多的思考与创造。设计师选择相对人工化的辅助记录的方法，比如绘制图形和符号等，有

图5.2
学生在进行运动规律研究时拍摄的影像截图，捕捉到了很多人眼无法观察到的运动细节。图片来源：左上两张，胡绮轩、张言、李一诺；右上两张，沈曦哲；左下两张，顾天润、林颖雯、黎钰；右下两张，英阔、罗在实、沈亦煊

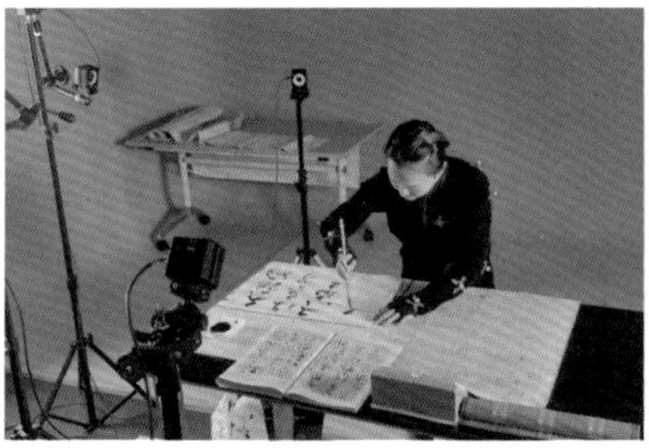

图5.3a
使用动作捕捉系统研究书法家在运笔书写时的身体动作细节（合作书法家：叶嘉沂）
图5.3b
使用动作捕捉系统研究古筝演奏者的手部动作（合作演奏者：刘羽云。图片来源：同济大学设计创意学院、上海纽约大学交互媒体艺术系合作项目）

4
鲁道夫·冯·拉班，舞蹈艺术
家、编舞家和舞蹈理论家。他
的理论创新为舞蹈记谱和动作
分析的进一步发展铺平了道
路，同时开创了舞蹈治疗的主
要方法之一。

助于我们自身接近自然并通过肉眼观察与具身化认知来理解世界，然后
再用纸和笔从自然表象中快速提炼概括出所需信息。设计特定符号与标
识记录运动信息的方式适用于较为专业领域的合作协同，比如，在影视
领域的故事板设计中，故事板设计师常通过箭头等符号示意运动方向或
路径，并以文字或分镜所占帧数量来表明相应运动变化速度。在舞蹈编
创领域，编舞师为了有效记录传递自身的编排内容，尝试将舞蹈语言结
合简单的记谱符号发展出一种类似乐谱的舞谱。比如由现代舞先驱鲁道
夫·冯·拉班（Rudolf von Laban，1879—1958）[4]发明的"拉班记谱法"
（Labanotation），开创了记录和表现现代舞蹈符号书面语言的先河。拉
班记谱法系统地描绘了舞蹈的时间模式、平面图、舞者的身体部位、动
作特征和空间的三维使用等，提供了一种能全面应用于研究和理解动作
的普遍方法，并被广泛运用于功效学、运动学、医学治疗、心理学、艺
术教育等与人体动作有关的领域 [图5.4]。

图5.4
拉班记谱法图例（图片来源：
参考安·哈钦森·盖斯特，
《拉班记谱法：动作分析与记
录系统》，2013：451重绘）。

使用静态图形符号来有效记录、表述动态信息，是属于视觉传达设计的
研究范畴。另一种更基础的方式则是通过使用与运动相关的文字术语
来表述运动特质，使用与时间、空间、方位、速度相结合的描述与排

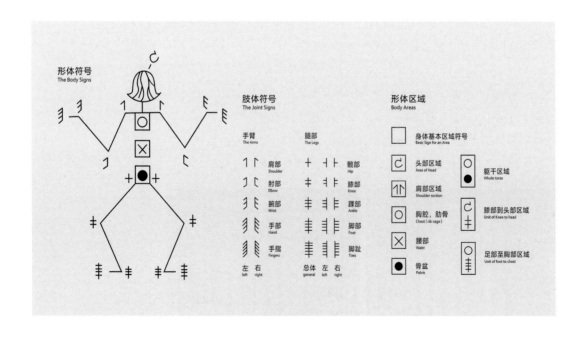

列组合来揭示出潜在的运动规律。比如拉班针对舞蹈动作提出 "力效（effort）"的概念，每一"力效"都由空间（直接/非直接）、重力（强/弱）、时间（突然/持续）、流动（自由/限制）四个维度构成[5]。"力效"赋予动作活动的含义和表现性，并进一步综合成动作的力度变化和节奏现象。

在动态媒体设计领域，认真观察与记录真实世界事物的运动信息是在设计流程中起到关键作用的第一步，设计师在此基础上可具体展开自身对设计风格的再现与诠释，或通过物理公式配合计算机算法进行动态的模拟。这两种方法将在下面详细介绍。

运动信息的描摹转化

上文已提及，动态影像其本质是连续图像序列的快速切换，以数字媒体技术为例，产生最终用于播放的序列图的过程称为渲染（rendering），渲染的步骤在商业化影像制作流程中常被归为后期制作（post production）环节。然而决定这些序列图每张画面内容的方式，可被分为若干种不同的"出图"手法。除去直接摄像拍摄产生视频之外，在动画制作领域可通过手绘逐格、停格拍摄、关键帧动画、算法动画、程序式视效等综合手段来产出画面，随后再由后期合成与渲染的手段输出为最终的影像格式。对于设计师而言，不同的产出模式对于人工在其中的把控份额是各不相同的。随着电脑算法乃至AIGC技术的介入，动态媒体设计的流程中融入了各种自动化或半自动化因素。设计师在创作中需要考量究竟是让原本静态的画面运动起来，还是将运动信息描绘转化成所需的动态画面，比如：通过首先设计静态视觉组件或角色模型并进而对其实施关键帧动画的手法，属于第一种类型；而通过动作捕捉的信息数据并结合计算机算法将运动路径生成动态视效，则属于第二种。无论如何，设计师在不同工作流程的开发中始终需要面对作品叙事、画面风格、动态内容的综合把控。

将运动信息通过人工的方式进行描摹、绘制与转化的方法，在传统手绘

5
安·哈钦森·盖斯特，《拉班记谱法：动作分析与记录系统》，2013；10。

6
弗兰克·托马斯、奥利·约翰斯顿，《生命的幻象：迪士尼动画造型设计》，2011：319。

7
马克斯·弗莱舍是一位波兰裔的美籍动画师、发明家、电影导演和制片人，并与弟弟戴夫共同创办弗莱舍工作室。他将小丑科科（Koko the Clown）、贝蒂·布普（Betty Boop）、大力水手（Popeye）和超人（Superman）等漫画人物带到了电影屏幕上，并负责包括rotoscope等在内的多项技术创新。

动画领域被称为转描（rotoscoping）。如早期的卡通动画等，完全是通过艺术家的想象将生命运动的特征神奇地赋予任何非生命体，这类动画被称为"常规动画"。但当动画师的眼睛无法足够敏捷地捕捉到特定的动作细节时，则开始寻求"实拍影像"——"即在动画制作开始前为卡通角色的塑造所拍摄的演员或动物表演的场景"的帮助[6]。在动画艺术发展的早期，动画师发明了一种被称为"逐帧描摹器（rotoscope machine）"的设备来辅助动画绘制。最原始的方法是将事先拍好的影片通过电影放映机逐帧投影在表面比较粗糙的玻璃面板上，动画师以此作为底图或参考，将影片中演员或动物的运动一帧一帧地跟踪描绘出来或者据此进行再创作。这项技术由美籍波兰裔动画大师马克斯·弗莱舍（Max Fleischer，1883—1972）[7]发明并于1915年申请了专利［图5.5］。迪士尼是较早使用这一技术的公司，其1939年上映的二维手绘动画片《白雪公主和七个小矮人》（Snow White and the Seven Dwarfs）中，白雪公主跳舞的一段，先请真人演员进行表演并录成"实拍影像"，然后再由动画师转描成两维线稿。转描是个原始且耗时的过程，但这类方式能最大限度发挥动画师个人能力，并容易产出逼真流畅、栩栩如生的动画。转

图5.5
马克斯·弗莱舍申请rotoscope专利时的图示（图片来源https://commons.wikimedia.org/wiki/File: US/patent/1242674/figure/3.png）。

描的绘制方式并非单纯的临摹，而是需要赋予每张画面新的形态，有时这些形态可以是以固定的卡通角色出现，有时也可通过艺术化处理让描绘产出的视觉形态随着时间发生风格的变化。

在数字媒体时代，计算机图形学的发展使得转描的工序从全手工向自动化发展。关键帧动画(keyframe animation)的创作手段是指设计师通过设置各个关键节点的物理属性参数，然后通过软件自动计算出中间帧（inbetween）的变化过程的方式。在关键帧动画的创作流程中，设计师需把控的不仅是关键帧环节的内容与参数信息，更重要的是设计关键帧之间的过渡模式。软件对中间帧内容的补充并非总是将关键帧之间形成匀速线性的渐变，设计师时常需要采用调整速度函数曲线以设置两个关键帧之间的过渡衔接的速度变化。有时设计师甚至需要在两个主要关键帧之间插入一个次要的关键帧，以对过渡过程进行更为个性化的把控。

在以3D动画为代表的CGI（Computer Generated Image）动画技术发展壮大之后，建模、绑定、关键帧动画（或动作捕捉动画）、渲染这一系列创作流程成为以角色动画为代表的基本模式。因为引入了基于3D模型的绑定（rigging）技术，使得一个被绑定的模型有机体可以套用上具有相同绑定节点的记录有不同关键帧参数规律的数字化动态文件，而相对应的同一段数字化动态文件也可以附加上各种不同的模型造型。这些手法与传统木偶戏的表现形式相仿，每个3D模型相当于是附加在动画师手上的木偶傀儡一般。近年来，随着人工智能技术的发展，采用生成式人工智能（AIGC）技术和风格迁移（StyleGAN）等算法可在已有动态影像内容基础上为其自动附加/替换上所需的千变万化的"表皮"，而无论皮相如何变幻，其动态方法始终会遵从或延续原始素材。从人工逐帧转描时代到AIGC时代，无论是费时费力的手工绘画，抑或是"一键式生成"的全自动风格迁移，这其中任何一种创作流程都值得人们认真对待与尊重，并努力思索和总结出最适合某个特定创作工作的最佳流程搭配，毕竟创作的本源意义并非完全从效率和功能出发，而是在于如何真正体现传达出人类的智慧。"转描"的手法理应发挥出不同媒介的创作优势，突出人工的把控能力，并将艺术化表达与叙事承载于所拥有的动态媒介之上。

运动的模拟与再现

与上文所述以真实世界的运动形态为摹本进行的描摹转化不同，在创作过程中还有一类处理信息的方式是通过分析其表象之下的原理和逻辑并将这些提炼出的规律通过某种方式再现出来［图5.6］。两种方式的区别在于，前者是在对"形"的描摹，而后者是对"理"的归纳与刻画。

艺术设计的目的是表达、传达和交流。在没有现代工具之前，人类通过绘画、雕塑、舞蹈、影像、音乐、建筑、表演等多种媒介，一直在追问、探寻运动世界的奥秘。事实上，"似真"（to be like real）是视觉艺术很重要的目标。从最宽泛的意义上来说，写实的再现手法存在于良好观察和精心描绘的艺术作品中。西方艺术史上，画家一直在通过对构图、色彩等的研究试图使得画面中的人物摆脱平面和僵硬的形象，但直

图5.6
影像作者通过对中式小吃的四种典型制作方法"蒸、摊、包、炸"的观察和模拟，设计了这四个字的动态生成效果，作为其名为《中国小吃》的互动影像各个章节片头动画。作者：徐佳理，2006

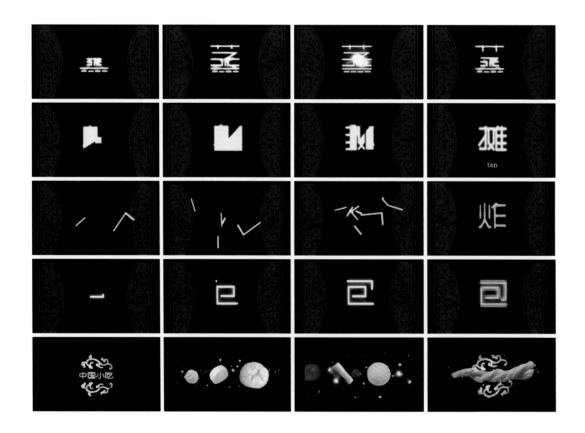

到中世纪末期透视画法的发明，使绘画具备了模拟透视感和景深空间的可能性，由于强调画中人物的肌理和阴影感，才使得人物立体、生动起来。但艺术的再现绝非仅在于刻画事物单纯的表象，而是追求更高的真实与更抽象的存在。

这样的例子在艺术史中比比皆是。艺术史学家琳达·诺克林（Linda Nochlin，1931—2017）在其《现代生活的英雄：论写实主义》（*Realism*，1972）一书中写道："早期的画家也经常再现物理性的动作，但即使如鲁本斯（Peter Paul Rubens）《巡逻者》（*La Ronde*）那样一幅动力勃发的作品……对激烈的身体动作建构的一种普遍化、永恒化的典范性图示……整体呈浑然无间、一气呵成之势。动作（Movement）在他笔下成了一个概括性的概念，变成一个永恒的、理想性的存在。"[8] 相对而言，"印象派画家的'瞬时性'（instantaneity），就是'时代性'发展到极致的表现"。现代时期的"零乱、变化、非永久及不稳定的形象"，相对于古典时期所追求的"稳定、平衡、和谐的意象，似乎更符合当今一般人所能感受到的现实特质。因此，这就像波德莱尔（Charles Baudelaire）所说，'现代性就是短暂性、随意性和临时性'"[9]。之后活跃于20世纪20年代到60年代的机动艺术（Kinetic Art）流派的艺术家，尝试用气流、电机等动力源将静止的抽象艺术推进到动态效果，而这一艺术流派对21世纪初发展起来的新媒体互动装置产生了深远的影响。

牛顿运动定律在各领域中被广泛应用，在动态艺术设计领域如动画、动态装置、动态媒体设计中同样占有重要的位置，是必不可少的研究对象。特别是当我们在讨论"动感"或"重量感"等概念时，自觉或潜意识中都会参考经典力学的牛顿理论，因此这部分知识也是学习动态媒体设计过程中必须熟练掌握的部分。[10]我们在模拟和再现物体运动时涉及的基本问题包括：

- 同样的物体受到不同外力时如何运动？
- 基本形状类似的物体，受到相同外力，但当材料不同、质量不同时，物体如何运动？

8
琳达·诺克林，《现代生活的英雄：论写实主义》，2005：24。

9
同上。

10
李严、李双武，"浅谈牛顿三大定律在动画中的应用"，艺术科技，2014，27（05）：421。

11
艾萨克·牛顿,《自然哲学之
之数学原理》, 2001。牛顿
第一运动定律:任何物体都
要保持匀速直线运动或静止
状态,直到外力迫使它改变
运动状态为止。牛顿第二运
动定律:物体加速度的大小
跟作用力成正比,跟物体的
质量成反比,且与物体质量
的倒数成正比;加速度的方
向跟作用力的方向相同。牛
顿第三运动定律:相互作用
的两个物体之间的作用力和反
作用力总是大小相等、方向相
反,作用在同一条直线上。

▪ 不同物体之间在互相碰撞或摩擦的过程中会产生怎样的动效?物
  体的重量与材料会如何影响到相互的运动路径与速度?

计算机科学中通常使用simulation一词来表述"模拟"与"仿真"。随着
20世纪下半叶计算机图形学的兴起,直至21世纪以来电脑对于图像渲染能
力的大幅提升,再到人工智能算法技术的介入,计算机图像模拟真实世
界的使命从未停歇。计算机也时常将真实世界的物理运动方式作为模拟
对象,通过算法结合计算机程序来模拟自然运动规律,这些手段被称为
算法动画(algorithmic animation)、程序化动画(procedural animation)
等。为了通过算法模拟自然界逼真的物理运动,首要手段是从力学公式
来设置参数变量,比如在牛顿力学原理中,物体的运动可以由牛顿运动
定律等公式进行描述和计算,其中的参数包括:外力、力的大小和方向、
加速度的大小和方向、作用力和反作用力、物体的质量等。[11]动态算法会
逐帧演算出虚拟物体在屏幕中的位置坐标、旋转角度等参数以渲染出动态
流程。有时设计师可在软件中调用经过封装后的计算机程序,这些程序会
自动将物理规律附加在所需的物体对象上,这些程序模块被称为物理引擎
(physical engine)。在物理引擎驱动下,设计师可高效实现物体之间的物
理碰撞或牵引关系的动态视效,并可通过编写脚本将物理引擎施加于画面
中大量物体之上,让这些物体在群集的状态下依旧遵循自然规律并具备各
自独立的动态方式,此类群集动画(crowd animation)效果在影视特效中
常被用于展现战争等宏大场面。算法动画除了用于模拟硬质的刚体动效
(rigid body dynamics),还可处理柔体动效(soft body dynamics)或流
体动效(fluid dynamics)等更为多样性的产出。

算法技术除了可以模拟真实之外,还可创造超越真实的效果。设计师对
程序和算法的编辑过程往往具有很强的实验性,因为算法很可能会产生
人类无法预测的结果。就这一层面而言,设计师可将计算机程序视为延
伸想象力的媒介,而并非只是模拟和再现真实世界的工具。

本章小结

对运动的感知，首先是生物的本能，用于发现生存环境中存在的潜在危险，另外又和心理、文化相关，涉及对 "动感" "变化" 的理解。运动和其他媒介的关联，如和音乐的关系将在第七章 "视听联觉" 进一步展开讨论。

对于艺术设计创作而言，不管是卡通动画还是舞蹈艺术，或是我们正在学习的动态媒体设计，真实地观察、记录、分析、模拟运动规律都是基础。技术的发展，特别是当今高速摄影、微观摄影、红外线扫描、图像识别算法、动态捕捉等技术使我们能够 "看到" 肉眼无法觉察的运动。

而当前智能手机除了轻巧、便于携带，更是通过软硬件的融合，具备了之前专业设备才有的高速摄影、微观摄影、全景摄影、水下摄影等多种功能。因此课程学习中要求用拍摄的方法记录真实世界运动，在没有专业设备支持下，智能手机完全可以作为随手可得的替代工具。如何运用不同媒介再现运动则需要熟练运用工具、方法，而两者之间链接后产生的化学反应，即创作的动机和意义的思考，则需要贯穿所有的学习和练习的过程。

延伸阅读

- Eadweard Muybridge, *The Human Figure in Motion*, 1955.

本书收录了埃德沃德·迈布里奇使用多个照相机组成的装置拍摄的人体运动过程中的序列照片，第一次向世人揭示了人体运动时身体的瞬间状态，包括下楼梯、蹲下、跑动等。虽然迈布里奇的装置在当今可以被高速摄影设备代替，但其开创的对于运动的观察、记录的工具和方法至今仍不断被再讨论和运用，如当今的360度扫描技术等可视为迈布里奇装置的延续。

- 安·哈钦森·盖斯特，《拉班记谱法：动作分析与记录系统》，2013。

拉班记谱法是一种分析和记录人类运动的符号系统。舞蹈艺术家、编舞家和舞蹈理论家鲁道夫·冯·拉班在20世纪20年代阐述并发展了他对运动的记谱思想。1928年，拉班以德语出版了《书面舞蹈》（*Schrifttanz*）一书，之后1946年至1950年，德国舞蹈家、编舞家和教育家阿尔布雷希特·克努斯特（Albrecht Knust,1896—1978）发展了拉班的思想，并用德语撰写了《人体运动学拉班手册》（*Das Handbuch der Kinetographie Laban*）一书，共8卷，1951年又出版了英文版*The Manual of Kinetography Laban*。本书作者安·哈钦森·盖斯特（Ann Hutchinson Guest,1918—2002）曾跟随拉班的学生Sigurd Leeder学习，她与拉班、克努斯特和Leeder详细讨论其对运动的细节和概念等各个方面的想法及分析比较后，将其进一步命名为拉班记谱法。拉班记谱法对动态媒体设计创作中如何抽象表现运动提供了参考。

- 弗兰克·托马斯、奥利·约翰斯顿，《生命的幻象：迪士尼动画造型设计》，2011。

本书是动画创作经典名著之一，由迪士尼的两位主要动画师弗兰克·托马斯（Frank Thomas，1912—2004）和奥利·约翰斯顿（Ollie Johnston，1912—2008）最初出版于1981年。书中详细介绍了迪士尼动画的发展历史，并以清晰的、非技术性的术语解释了迪士尼动画创作所涉及的各个环节和过程，以及基本理念,即大家所熟知的迪士尼动画12项基本原则

（the twelve basic principles of animation）：挤压与伸展（squash and stretch）、预期动作（anticipation）、演出方式（staging）、接续动作与关键动作（straight ahead action and pose to pose）、跟随动作与重叠动作（follow through and overlapping action）、渐快与渐慢（slow in and slow out）、弧形（arcs）、附属动作（secondary action）、时间控制（timing）、夸张（exaggeration）、立体造型（solid drawing）、吸引力（appeal）。这些原则在动态媒体设计中同样被广泛地参考、学习和应用。

▪ Kazuki Akamine，*Motion Periodic Table*，http://foxcodex.html.xdomain.jp.

日本设计师 Kazuki Akamine 总结了常见的 73 个动态效果，并根据不同亲疏性将这些动效分成包括偏移旋转系、变形系、时间操作系、扭曲系、模糊系在内的 18 大类，排列之后得到一张类似化学元素周期表的"动效元素周期表"（Motion Periodic Table）。进入 Motion Periodic Table 官网，可以看见设计师针对每一个基础动效从制作到应用的详细讲解，并提供了 AE 源文件以供下载、学习、运用。

▪ 鲁道夫·阿恩海姆，《艺术与视知觉》，2019。

德裔美籍艺术和电影理论家、格式塔心理学主要代表人物鲁道夫·阿恩海姆（Rudolf Arnheim，1904—2007）主要著作有《艺术与视知觉》（*Art And Visual Perception*，1954）、《视觉思维》（*Visual Thinking*，1969）等。在本书中作者通过平衡、形状、形式、发展、空间、光、色彩、运动、力、表现这十个方面，从心理学的角度投射视觉过程，描述了眼睛根据特定的心理前提创造性地组织视觉材料的方式。其中第八章和第九章分别论述了"运动"和"力"，可以帮助理解本章的学习内容。

课程作业

运动观测

(1) 课题目标

运动规律的分析研究作为动态媒体设计学习的重要环节之一，除了观察自然中真实发生的运动及其规律，重要的是要尝试以简洁直接的视觉方式记录下来，同时要学习借鉴其他相关领域已有的研究成果，思考完成形式转化过程中的动机和意义。

(2) 课题要求

从下列给出的表述常见运动的词汇中，随机选择其中一个词作为关键词——移动、转动、滚动、滑动、弹跳、挤压、拉伸、扭曲、摆动、破碎、震荡、波动、坠落、发射、漂浮、下沉等，并完成研究和创作两个部分的课题任务：

① 研究部分

以所选的关键词为主题，进行全方位广泛研究。除了物理学科，其它学科或多或少也会涉及运动的概念和研究。可以从不同领域，包括哲学、文学、音乐、舞蹈、表演、绘画、雕塑、设计、运动、心理等，理解和研究运动。

② 实践部分

以所选的关键词为主题，研究这一运动方式下，三种不同材料的物体在同一种环境下的不同运动状态；或者研究这一运动方式下，同一物体在三种不同环境下的运动状态，以此完成称为运动研究三步曲的创作。具体要求包括：

- A. 记录部分（recording），向自然的运动世界学习：在真实环境下拍摄3段物体运动影像，每段10秒，共3×10秒；
- B. 转描部分（rotoscoping），向图形世界的转化：以转描的方式把3段影像进行图形抽象处理，每段10秒，共3×10秒；
- C. 链接部分（relink），真实和图形世界的动态合成：根据A和B，进行一定处理后完成3×10秒或30秒的短片。

(3) 成果要求

最终完成一部由A+B+C构成的完整影像，共90秒左右（不包括片头和片尾字幕部分）。

(4) 课题说明

在本课题的运动研究中，除了上面提及的参数，还要细心观察和处理：

① 运动和静止的关系

牛顿的经典力学中明确了静止和运动是相对参照系而言的。相对静止是运动的一种特殊状态，是物体运动在一定条件下、一定范围内处于暂时稳定与平衡状态。运动是无条件的、永恒的，静止是有条件的、暂时的、不稳定的，是相对的。因此,运动转描部分中对于静止状态的处理应该额外留意。

② 主要运动和次要运动的关系

在传统动画中，这主要指运动中物体主体及其附属物的关系。如松鼠跑动时，尾巴会随着躯体和腿部运动发生位移，但同时又伴随着上下起伏；而当松鼠突然停下来，躯体和腿部已经静止，但其尾巴并未随之立即静止，而是还会继续波动。在当今界面设计或图标设计时，此类情况会被映射成界面中多种元素同时运动或变化时的情况，如拖动某一窗口或图标时，次要运动可能是其重叠或周围部分区域相应发生的移动或色彩明暗的变化等。

在本课题的运动研究中强调需要进行图形抽象处理，是为了将研究的重点放在运动本身：一方面，有意识过滤掉物体的色彩、复杂材质肌理等信息；另一方面，将具象物体进行抽象处理也是动态媒体设计师需要学习的基本技能。

课题第三部分的链接，则要求学生在记录和描摹的基础上，进行有限度的视觉实验和创作。主要通过前两段影像具象和抽象画面的叠加处理来产生对所选物体特质的表现，处理方式可以是简单叠加、错位、色彩变化，也可以简单地增加声音音效来增强视觉效果。在本课题中声音并非是必须的，关于声音音效的原理等可以参见第七章"视听联觉"的内容。

作品案例

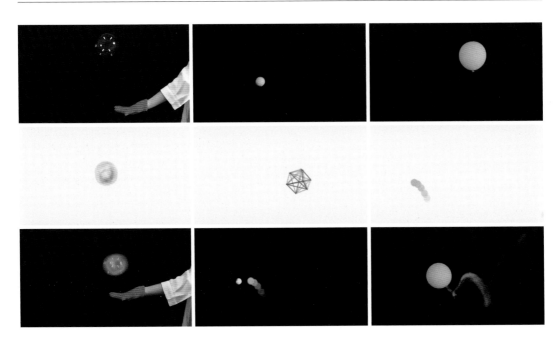

弹跳
影像，2019
李一诺

作品主要研究了形状相似但材质不同的三种物体弹跳时的不同运动规律。

第一段影像采用拍摄的手法，记录了物体的弹跳过程。其中肥皂泡泡和灌水气球弹跳的同时伴随着剧烈的形态变化。前者的形变倾向于高频率、小振幅；后者倾向于低频率、大振幅。最后一类如乒乓球、塑料球等材质较硬的球体，弹跳时肉眼看起来无明显形态变化。由于物理性质不同，三种物体的运动轨迹有很大不同。

第二段影像采用rotoscope的手法，根据上述三大类球体弹跳的特点，在描摹其本身形态的同时，在After Effects中加上相对贴合的滤镜。如泡泡的形态加上单元格图案的演化来表现泡泡表面的流动感，灌水气球的形态用结构线的形式来表现它的体态空间感的变化。轨迹线则根据它们各自的质感来做相应的效果。

第三段影像采用合成的手法，把前面两段影像呈现在同一画面上。第一组镜头以手对泡泡的作用为过渡点，切换实拍与图形；第二组镜头将结构线与实拍画面产生一定时间差；第三组镜头则直接合成。

影片实拍部分弱化了环境，重点记录了物体运动时的丰富细节，很好体现了物体的特质。作品对色调与节奏的控制使得作品整体性较强。

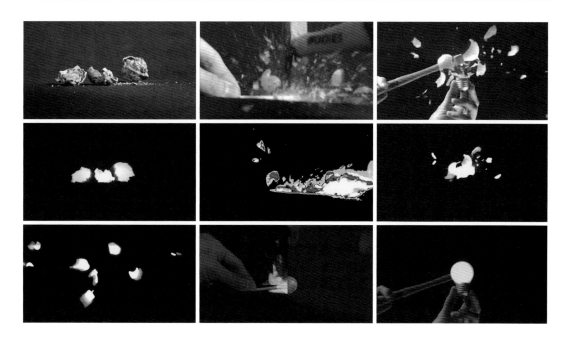

影像围绕破碎这一主题，分为三段。

第一段为在摄影棚用iPhone的慢动作摄影功能实拍了核桃、棒棒糖、灯泡三种物体被锤子砸碎的视频。这一段的配乐比较柔和，和破碎形成反差，但当慢动作画面和破碎的音效相结合时，则形成了神圣又矛盾的效果。

第二段影像是对第一段实拍视频在计算机中做描摹和添加特效形成的结果。核桃部分添加残影和色彩，形成迷幻的效果；棒棒糖和灯泡部分分别应用不同的glitch效果，做出了错乱的感觉。

第三段影像利用第一段和第二段的视频合成制作。主要根据音效、音乐的效果和节奏，相对应做了画面的快速切换、慢动作回放、双屏并置等的处理，呈现了错乱、失调、矛盾的感觉。

影片最后，利用了AE自带的灯光图层，设计了灯泡逐渐变亮的效果作为影片结尾。

破碎

影像，2019

金也

挤压

影像，2019

冯泗衡

影像围绕挤压这一主题，选取了三种不同材料的物体，研究它们在同一挤压条件下产生的不同形变效果。在材料选择的逻辑上，是依据形变效果的多样性为原则进行的。黏土在受到挤压时会产生理想的塑性形变，即失去原有形态而形成新形态。反之，水球受到挤压会产生理想弹性形变，即受力消失后会立即恢复原有形态。柠檬介于两者之间，会有一定程度变形，但受力消失后也不会恢复原有形状。

第一段影像为实拍。

第二段依据第一段实拍影像采用特效、描摹、抽象等方法进行视觉处理。黏土部分，运用点、线等形式表征形状变化；柠檬部分，用有机曲线的弯度表现挤压扭曲；水球部分，用发光纹理表示"弹"的效果。

第三段采用类似于增强现实的手法，将动画叠加在真实物体上，并对实拍进行滤镜处理，让动画从中慢慢凸显，成为视觉中心。

剪辑逻辑上，先分别单独表现三种物体的受挤压行为，再将三者对比展现。其中，柠檬部分在视觉和听觉的共同作用下产生了一种酸楚的通感。

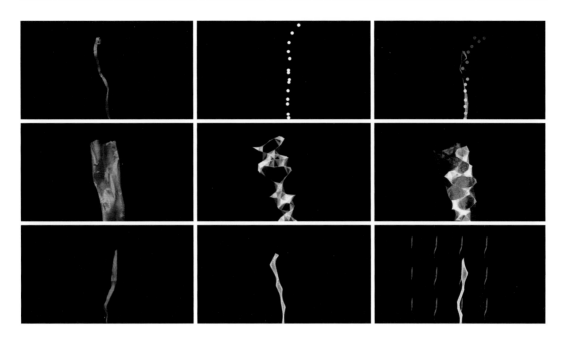

影片主要研究和表现纱布、塑料、纸条三种材料在同一场景下被风吹动时的不同运动状态。

影片的第一段采用慢速拍摄的手法，记录了三种材料在吹风机同一风速下被吹拂产生的不同扭曲形态。

影片的第二段采用逐帧描摹的手法，其中塑料、纸条的描摹部分选取了物体上的16个结点，逐帧改变16个结点的位置，辅以插件，以更好地表现出物体扭曲的形态变化。

影片的第三段是前两段的合成，主要采用叠加的效果，将无生命物体的扭曲与舞蹈相结合，实物拍摄和图形描摹相结合，形成"双人舞、独舞和伴舞"的对话模式。

扭曲

影像，2019
钱商黎

06 物体研究：隐现、解构和形变

在上一章中，我们探讨了动态媒体设计中的"运动"问题，其通常是指一个物体对象在持续一段时间内的位置、角度、大小的连续变化，可以对应为后期合成软件After Effects中针对每个图层的变换（Transform）功能模块中包含的位置、大小、旋转角度等子模块——这些基本的运动参数是关键帧动画中最直观且易于实现的视效的组成部分。但需注意的是，此类动态效果往往是针对形态固定的单独物体，而本章中探讨的主要内容则是在制作过程中更为丰富的动态处理手法：如何对物体对象进行形态上的拆解，并探索物体自身的形态变幻以及通过综合手段共同实现的出现与消失等动态效果。

时间维度中的物体

基于屏幕的动态媒体设计，如果暂时不讨论球幕、虚拟现实、空间装置等媒介形式，大部分也还是基于二维平面进行显示。但与同样是二维平面上的印刷媒介相比，因为引入了时间轴，几乎无处不在的屏幕就像一个个舞台，文字、图形、图像、影像、声音就像舞台上的演员一样在运动变化着，按照导演的编排来讲述故事或者构建和传达信息和意义。如果将一张印刷的静态展览海报看作完整的设计内容，那其中包含的视觉图形图像、展览标题、参与人组织者、时间地点等则是完整信息的组成部分。动态媒体设计师除了需要考虑静态海报设计的所有问题之外，还需在时间轴上处理各种信息出现的先后次序、出现的方式、出场的次数，以及不同信息出场后相互间如何呼应衔接、单体信息在整个动态结构中具有怎样的地位和作用等复杂而具体的问题，这都需要从整个设计概念和宏观构思角度来做统筹规划和细致考虑。

动态媒体设计作品不同于角色动画的是，后者大多是以生命活动为主的叙事，而动态媒体设计则是以信息的传递和交流为目的，因此一般我们在学习时建议将组成整体作品工程的文字、图形、图像、影像、光源等可见信息，以及声音、虚拟摄像机等不可见信息都抽象地认为是作品中的"组件"（component），而其中可见的视觉信息则可理解为"物体"（object）。在这里，物体的含义可以引申到一个单词、一幅抽象绘画，而组成单词的每个字母，或组成抽象绘画中的一个点、一条线则是组成物体的"元素、零件或部件"（unit）。

不同"物体"随时间推进的出现、消失和运行过程，可理解为一个个"事件"（event）。"事件"是动态设计中正在发生着的可被关注到的具体内容，而一系列事件的配合交织将主导作品内容叙事与进程。广义而言，动态媒体设计中的"事件"可包括任何正在发生的可被描述的流程，即形成最终动态结果的所有的方法步骤，比如，物体出现、消失和物理位置的具体变化可成为不同事件，而物体自身的形态变幻以及镜头的运动也都可成为事件。

出现与消失

一段动态设计作品宛如一首诗或一首乐曲，需要有始有终，而伴随着每个物体的动态"事件"也需经历开始与结束的过程。需注意的是，我们此处探讨物体的出现与消失，并非只关注一个动态事件起始与结尾中物体的出场与退场，处理"隐"与"现"的过程本身可以多姿多彩。

在一段动态影像中，物体的出现与消失带有其特有的象征意义：出现的事件会与诞生、初创、萌芽等意向有关，而消失则会让人们联想到瓦解、毁灭、消亡等意向。如将出现与消失作为一系列叙事环节中的起始与终结，那我们还需要整体来思考出现之后和消失之前的动态内容以及这三者之间的相互逻辑关联，比如，物体出现的过程可作为物体出现之后的运动方式的预备动作，在运动方向与力效上需要相互关联呼应；同理，在物体消失之前的一系列运动内容，也许是导致物体消失的成因。

1

贝尔托·布莱希特，现代戏剧
史上极具影响力的剧场改革
者、剧作家及导演。他提出的
"间离方法"，又称"陌生化
方法"，这一理论和方法成为
20世纪德国戏剧的重要学派之
一。代表剧作有《母亲》《四
川好人》《高加索灰阑记》
《圆头党和尖头党》等，论著
有《中国戏剧表演艺术的间离
方法》《论实验戏剧》《表演
艺术新技巧》等。

2

贝尔托·布莱希特，《布莱希
特论戏剧》，1990:191-202。

3

谢丹军，"谈戏曲表演人物首
次出场设计"，戏剧之家，
2017，(11): 36。

我们可通过学习借鉴舞台戏剧表演以及影视作品中的开场和人物出场的艺术处理方法来获得一些基础理论和技能，以便更好地处理物体在时间轴中的出现与消失。德国著名戏剧理论家、导演和诗人贝尔托·布莱希特（Bertolt Brecht, 1898—1956）[1]曾经比较了东西方戏剧中的不同。他认为，在西方戏剧中，角色出场时通常使用直接呈现手法，即演员、道具事先在舞台上布置好站位，然后大幕徐徐拉开，或者是原来暗黑的舞台灯光逐渐亮起，人物场景慢慢出现在观众眼前。而相比较而言，中国传统戏剧中对人物出场的处理则相对更为重视。人物出场既需要符合整部剧总体规划的艺术效果，同时人物与演员有着密不可分的交融——演员往往是以角色为载体，因为这一出场既是角色亮相，更是演员亮相，是展示演员扮相、台风的时机。[2]出场的人物可能是主角，需要交代人物的年龄、性别、身份、职业、背景甚至性格等，也可能是一个配角，只是交代身份、职业等客观因素，根本不表现其情感、心理等。许多中国传统戏剧艺术家都为人物的第一次出场煞费苦心，通过先声夺人法、呼唤始出法、冷热对比法、遮掩聚焦法、扩展体积法、间距留白法和形神渐晰法等多种手法，只为争取设计一个令观众过目不忘的出场[3]。

动态媒体设计中的出现与消失方式的设计，可以通过不同的形式来创造出独特的视觉效果和表现力。在动态影像中，由于观者只能看到画框以内的物体，因此合理运用镜头视角的变化可以制造出物体进入视线和消失于视野之外的动态过程。我们可将物体出现、消失分为物体自身的隐现和物体在视野范围内隐现两类。物体的出现与消失也并非都是一次性的事件，有时设计师会创造出时隐时现的一连串事件或是通过捉迷藏式的半遮半掩来产生更为含蓄的效果。在中国画的艺术表达中，常以遮挡和留白体现"画外"存在的意境，动态设计中合理运用"隐"与"现"的手段同样可以营造诗意而优雅的意境，以及明确画面视觉主次关系。众所周知，显示于平面上的影像的内容具备"视觉纵深感"这种感知上的错觉，运用纵深感产生的前后关系可以形成物体和物体之间的遮挡，由此对于物体出现与消失的问题又会涉及研究物体和物体之间的关系，以及物体所处空间远近距离的问题。在镜头语言中所创造的"景深"感受，会使得镜头聚焦处的物体更为清晰鲜亮，而除此之外的物体会相对模糊暗淡，以此类镜头逻辑来处理物体的模糊消隐和清晰显现也可纳入本章的技术点来考量。

还有些动态媒体设计作品由于时长较短，因此物体第一次出场时观众的
第一印象就显得尤为重要。设计师需要有力地交代物体的主要特征，以
迅速抓住观众注意力。比如品牌标志(LOGO)的动态演绎的创作，其任
务往往是需要设计这一标志以怎样的动态方式出现在屏幕上，目的是形
象、生动地传达其所代表的品牌理念。而动态媒体设计中物体的消失则
可以参考出现的方式，一般可以结合声音，以淡出方式、运动出画面或
其他转场等方式消失在屏幕上。而在声音和画面关系中可能需要和出场
方式相反，即声音的消失滞后于画面。

动态媒体设计中可以参考借鉴影视、戏剧、文学等作品中使用的人物、
角色出场的方法，同时还应该结合动态媒体设计的抽象原则以及信息传
达的目的来设计物体的出现，常用的方法是：

- 逐渐显现：这是最常见的出现方式，可以通过淡入或透明度变化
  的渐变效果来表现物体或人物的出现。以渐显等方式直接出场，
  类似于舞台表演中演员或布景已经站好位，幕布拉开或灯光由暗
  渐明。这一方法在信息可视化类的作品中比较常用。一般涉及较
  多的信息量，如果没有需要特别突出的部分，各信息元素基本平
  等对待，不做特别处理。
- 突然显现：这种方式常用于表现物体或人物的突然出现，可以通
  过闪烁、放大、缩小等方式来增强效果。
- 先闻其声：先出现相关声音，而后出现形象，声音的先导具有戏剧
  性和神秘感。这一方法在主题类作品或者声音特征明显的物体或形
  象出场时较多使用。如自然地理类电视栏目的片头设计经常会先出
  现某一区域有代表性的某种动物的叫声，然后出现该栏目的台标。
- 光影变化：通过光影效果的变化来表现出现，如逆光、投影、反
  射等。
- 遮掩聚焦：以镜头语言或聚光灯等交代局部，从而由观看者自己
  构建整体形象，通常可以引起观众的好奇感、营造神秘感气氛。

4

王鹏、潘光花、高峰强，《经验的完形：格式塔心理学》，2009：97。

解构与组装

解构是当代艺术设计创作中常用的手法，通过对物体形态、结构的拆解可实现针对物象具有形式感的诠释与解读。就如同儿童搭建或拆解积木的快乐那样，解构与组装的过程常会给人带来单纯的视觉享受。

动态影像作品中将物体解构成部件，可以按照产品零件分解的方式，也可以仅从形的组成来分解，然后在时间轴上进行重新拼装。这一方法被普遍用在凸显物品功能的产品介绍类作品中，如电影 《变形金刚》（*Transformers*，2007）中机器人变身汽车等众多场景是动态媒体设计中物体分解重组的典型范例之一。或者在文字组成的LOGO的动态演绎设计作品中，通常在时间轴开始时随机出现单个字母，到最后经过重新排序才给出整个LOGO的文字，这类作品通常呈现出灵动和趣味的美学特征。

但作为观者，观赏过于具象和具体的视觉形态往往会抑制想象空间，而经过分解或组装的物象能有效激发观者的思维活跃度，因为其形态的完整度经过头脑参与加工后会使得视觉体验过程变得更为生动活泼。

将整体分解为局部物件，或是将元素组建成整体的设计方法，与格式塔心理学（Gestalt Psychology）中关于完形的体验论述非常相似。格式塔心理学是一种注重完形和整体组织的心理学理论体系，十分注重各成分之间的动力性、交互性和系统性。格式塔知觉理论提出， "人类知觉是由内在有意义的格式塔组成的，并来源于经验和环境"，比如点线的聚集 "是以相似性、接近性、闭合性、连续性等原则组织成了有意义的完形"， "人们总是采用直接而统一的方式把事物知觉为统一的整体"。[4]

动态媒体设计中在时间轴上进行图形解构的常用方法有：

- 结构分解：可采用产品零件或建筑结构爆炸图的方式进行分解，使物体的各个零部件 "活跃" 起来；
- 形态分解：如画面中的物体主要是由多边形或圆形等几何形态构成，可以根据图形元素对物体进行分解。此时需注意，如果是一个具象的物体，对其形态的分解未必是完全遵循该物体本质上的形态结构，可以根据表象中的视觉元素，比如光影、色彩、笔触、填色等内容进行分解；

- 画面分解：对画面本身进行切分。与形态分解不同的是，画面分解可更为自由地对画框中的内容进行切分，就如同使用一把美工刀直接剪切画布一般，或是在三维空间中对物体进行自由的切割与分解。

解构与组装的动态处理方法更是多种多样，并没有严格的模式标准，这给了动态设计师不断创新的巨大空间。以下列举的是一些较为常用的手法：

- 元素的独立运动：将组成物体的不同部分作为元素，使得这些元素产生自身独立的运动内容。比如不同元素依次消失或出现、不同元素依次放大或缩小，或是每个元素有各自不同的运动逻辑。总之，其产出效果为将一个视觉上成为整体的物体进行拆解（解构），或是将一组无序的元素进行组合而形成物体（组装）。

- 爆炸式分解：由内力驱动产生炸开或收拢的视效。与上面提到的元素独立运动相比，此类效果更强调爆炸过程产生的整体冲击力，每个元素的运动方式也需要更接近物理世界中物体的力学效应。

- 镜头变化：通过镜头运动可以让物体产生视错觉式的分解重组，比如物体的组成元素分布在画面中距离摄像机不同距离的纵深空间里，但只有在镜头运动到某一时刻时观众才能感觉到这些处于远近不同空间的元素构成了一个完整的视觉造型。此类运用视错觉的方法能有效打破观者对空间的感知预期，并激发想象力。

- 扫描线的运动：以一条基准线为界，在基准线移动的过程中其运动路径将物体塑造出来（类似用笔刷刷出造型）或是将已有的物体擦除（类似用橡皮擦除）。"扫描线"只是对于出现与消失的动态边界的形象描述，但此类边界的形态或数量也可各异，比如同时产生的多个类似的扫描线沿着不同运动路径塑造或擦除一个物体。

- 粒子动画：粒子动画（particle animation）是通过数字算法在视觉内容中充盈着大量群集颗粒的视效类型。粒子的群集运动可通过矢量场（vector field）等物理场域产生更为自然有机的审美特征。每个"粒子"或元素组件通过某些规律吸附在物体形态上，如同构筑印象派绘画内容的笔触一般，每个点状或不规则形状的笔触在群集化流淌中组成整体的物体造型。

动态媒体设计师为了在技术层面实现将物体元素组件在虚拟世界进行动态解构与组装，需要首先理解在不同软件中产生物体形态的不同方式，以明确具体的动态制作手段。伴随不同的数字视频制作技术，画面中的物体自身形态上也具有不同的层次感。有的软件工具能在画面中创造具备立体纵深数据的透视感（比如普遍意义上被称为"三维"的软件技术），其实质是软件在处理立体图形时的运算与渲染方式。设计师需要区分最终产出的视频中所呈现的立体感和电脑运算处理过程中所具备的立体维度。

比如以After Effects软件为代表的图层式的动态设计软件，其针对每一图层的画面以扁平化进行运算（其自身是个二维平面），而图层所呈现出的画面内容可以具备立体感，这与任何一幅绘制在平面画布上带有立体透视的绘画作品如出一辙。而诸如Maya、Blender等软件能够以带有三维顶点数据的多边形模型来组成立体画面，因此设计师可以通过编辑、操作多边形模型每个顶点所具备的三维坐标信息，比如让物体整体或其局部组成部分在立体空间里进行旋转，以便让观者看到其不同角度的造型，因而产生更为灵活的动态变幻。

设计师在处理物体的解构和组装的动态内容时，如同之前提到的完形理论，头脑介于二维与三维之间的信息处理能提升思维活跃度，因此需要合理运用不同软件的优势，以合适的方式产生时而立体逼真、时而虚幻松散的空间质感。

形态变幻

在上一章运动规律研究和本章物体研究的课题中，有一个共同点是创作过程都基于记录真实世界所存在的物体或现象的图像或影像，设计师将其进行描摹以转换成图形，而其动态部分也基本要求尽量客观呈现某一运动或某一物体的特性，因此往往将图形本身作为一个"物体"，并没有涉及动态媒体设计中的一个重要维度——形态的变化。

在视觉设计中，形态变化是指将一个物体或形体通过人为的变幻操作转变为另一个物体或形体的过程。形态的变化不只存在于生命体的诞生、成长、消亡的全过程，另外也存在于人类的想象中，譬如"青蛙变王子""孙悟空七十二变"，或者动画片中无生命体征"物体"的运动和拟人化艺术处理等，因此本章节用"形态变幻"一词指代动态媒体设计中形态变化所带来的魔术般的感官体验。

形态变幻的元素可以是拍摄或三维渲染的写实图像，也可以是经过提炼和抽象后的图形。而图形通常指可以用轮廓（outline）描述的可识别的形状。在数字时代，计算机科学中将和图形图像相关的研究统称为计算机图形学（Computer Graphics）。事实上，狭义的动态图形设计正是从约翰·惠特尼在计算机图形设计方面的研究和实践基础上发展成熟起来的，并最终确立了动态图形设计（Motion Graphics Design）这一术语。

图形又可以分为具象图形与抽象图形。具象图形一般是指基于真实世界之物象的特征，具有可明显识别的内容。而抽象图形则指不以真实世界具体的物体为图形轮廓，而从抽象观念出发进行图形的色彩、文化、心理等方面的表现，是抽象主义在图形设计领域的体现。"抽象"（abstract）一词原指人类对事物非本质因素的舍弃与对本质因素的抽取。人类对抽象主义的追求和实践贯穿了人类的整个文明发展史，从原始社会人类的艺术品创作到大部分工艺美术作品以及书法、建筑等艺术形式，就其形象与自然对象的偏离特征来说都属抽象艺术。

相比较插画、动漫设计领域等更多涉及具象图形，平面设计中针对静态物象在图形上的解构处理，常伴随着对物体形态的概括、提炼、简化，比如对造型的扁平化处理、对形态的符号化处理等。而现代主义的视觉设计则更是聚焦在研究点、线、面这些最基本的抽象元素，如方形、三角形、圆形等基本几何形状的基本特征，研究如何利用各自的形态张力去设计和平衡，从而更好地传达信息。相比静态的以传达为主的平面设计和以讲故事、角色为主的动画，动态媒体设计可以说是一种更多地聚焦在以抽象图形为视觉特征和信息传达为目标的动画。

形态变幻是平面设计和动态媒体设计的核心课题之一。对于信息的传达，前者往往给出最终的结果，而后者则可以在时间线上呈现变化多端的过程，更具有吸引力、戏剧性，受众也更易理解。

形态变幻更是动态媒体设计的基本手段。但在时间轴上进行物体的形态变幻，同样需要找到明确的变形逻辑，并在很短几秒内，造成惊奇体验，即魔术感。形态转变包括两种基本类型：抽象图形之间的互相转化，以及具象图形和抽象图形之间的互相转化。

（1）两个不同形态A和B之间的转换

这一转换通常需要寻找不同形态A和B之间的联系和相似性。譬如字母M和W的基本形态有很高的相似性，但一个开口朝上，一个开口朝下，转换的过程即需要运用旋转运动。又譬如抽象几何形圆形，和它轮廓相似的具象物体可能是地球，可能是足球，也可能是一个西文中的句号。从圆形到地球就是我们说的联想过程，而从地球到圆形的视觉表达就是抽象的过程。从一个形态A到另一个形态B的变幻方式有很多种，以下是一些可能的方式：

- 平移变幻：将图形A沿着上下左右某个方向移动一定距离，即可得到图形B，通常用于由一个简单图形建构复杂图形的动态过程。
- 旋转镜像变幻：将图形A绕着某个点或者轴线旋转一定角度或镜像翻转，通过改变物体的方向和对称性，得到图形B，如小写字母b和q的转换，或者p和q的转换。
- 缩放变幻：将图形A沿着某个方向放大或缩小一定比例，即可得到图形B，如一个小圆点到地球的动态转换。
- 削减变幻：将图形A通过切割或删减某些部分来进行形态变化，可以得到更加简洁或抽象的图形B。

5
黄英杰、周锐，《视觉形态创造学》，2010：20。

- 膨胀和腐蚀变幻：将图形A进行膨胀或腐蚀操作，即可得到图形B。

- 滤波变幻：对图形A进行某种滤波操作，如高斯模糊、锐化等，即可得到图形B。

6
同上：13。

- 变形变幻：将图形A进行某种复杂的形变操作，如扭曲、波动、透视变幻等得到图形B。

- 混合变幻：将两种或多种形态进行混合或合并，形成新的形态。譬如年轻夫妇形象的混合，则预示未来儿女的形象，或者如电影《变形金刚》中人向车的转变。

（2）同一形态的自身属性或外在条件的变化

除了不同形态之间的变化，形态自身随着时间、空间的改变，也是基本的形态变幻之一。譬如时装类短视频中的变装呈现了人物造型的变幻，或者旅游类短视频中相同人物但不同标志性场景背景的变幻，暗示了人物空间的转换。

另外，形态变幻中，除了考虑形态的客观因素，还包括形态所具有的心理意义，即其物理体验和心理体验。"所谓'物理体验'，是指元素的形状、光色、质感、空间与其他的知觉度；所谓'心理体验'，指的是轻重、愉悦、深沉、神秘和其他的心理接受度。"[5]比如同样是线，"水平线、垂直线、斜线与折线，这些线在心理上能产生明确的、简洁的印象。当然，水平线在心理上会显得平静些，垂直线会显得紧张些，斜线总使人产生不稳定的动感，折线常常有一种不安定感。其实，这仅仅是一种最基本的感觉。直线有粗细之分，有机械线与手工线之分，每一种线都有不同的感觉。粗直线表现力强，有质量感，但显得粗钝；但细直线表现力就弱，心理上会产生敏感，有一种神经质的感觉。通过对这些不同线条的审视，各种心理上的感受就会积淀在人们的意识之中"[6]。因此，在动态设计中，当一条直线变幻成一条折线时，在心理上产生的是紧张、不安的感受，而当再次变回直线时，则在心理上回归到平静、祥和。

7

陈永群、张雪青、龚艳燕，
《异想天开：设计初始》，
2018。

上述变幻的类型和方法在设计过程中是很难截然分开的，可以单独或组合使用，根据需要进行调整，或选择其他不同的变幻方式，从而实现不同的形态变化效果。正是对形变过程的巧妙设计所呈现的细微感受，构成了动态媒体设计的张力和魅力。

本章小结

物体研究课题有一年我们的成果展览被命名为"物非物"。其中，前面的"物"指具体存在于物质世界的可看可摸可感知的研究对象，在课题中指某一具体存在的物体——具有不依赖于人而存在的基本属性，包括形态、色彩、质感、肌理、声音、味道，以及可认知的功能、构造、组织、层级关系等。学生需要通过观察、分析和研究，认知物体的基本属性，并对物体做相对客观的介绍和描述，称为"物是物"。而"物非物"中，后面的"物"则是学生对物体相对主观的感知和呈现。借此课题也希望探讨设计作品客观性和主观性的问题，以及是否任何设计作品本身也具有从"物是物"向"物非物"的转变的过程。

本章内容也可以说是我们学院大一设计基础课程的重要组成部分"物象研究"的动态延伸。"物象研究"课题中，学生选择一种自然物象，通过一个月左右时间用各种方式进行深度观察，然后把自己所观察物体微观的状态与变化记录下来，最终以文字和图示等方式手绘呈现在10米的空白长卷上，感悟真正的"观察"和事物的"真相"[7]。

上一章"运动观测"的链接和本章"物体研究"的解构部分，目的都是帮助学生练习在观察、分析、研究物质世界的基础上，经过抽象、提炼、强化等艺术处理后，使"物"在一定程度上脱离原有物象和环境，为整体创意概念和实践服务。

延伸阅读

▪ 陈永群、张雪青、龚艳燕，《异想天开: 设计初始》，2018。
本书作者长期从事艺术设计基础教学工作，以独特的视角探讨了如何通过设计基础教学培养和激发学生的想象潜力与创造力，以及现有常规的培养方法该如何有实质性的改变。书中的教学实践和案例提供了一种有效地对生活进行观察的方法，特别是从时间的角度观察、记录、分析日常生活物品的变化，从中探寻设计创作灵感的来源。

▪ 黄英杰、周锐，《视觉形态创造学》，2010。
视觉形态创造学是一门研究形态美学的课程，也是同济大学设计基础的核心课程。本书作者不仅从理论上研究各种形态所带来的审美心理，也给出了大量的课堂练习来帮助学生把握形态与审美的关系，可以作为本课题的补充读物。在实际教学中，视觉形态创造学也被列为动态媒体设计课程的前修课程之一。

▪ 美国罗切斯特技术学院，《动态设计基础教程》，2005。
本书是美国罗切斯特技术学院几位教师在设计基础课程中教授动态相关概念的教案汇编。书中以案例为基础，详细介绍了设计的原理和过程，特别包含如何将现实世界的图像抽象和提炼成较为抽象的图形的研究和练习的内容，并且每个案例提供了手工或运用计算机作为工具进行练习的两种途径。

▪ 贝尔托·布莱希特，《布莱希特论戏剧》，1990。
本书是布莱希特关于戏剧理论的文集，其中包括关于"陌生化效果"的论述。verfremdug在德语中是一个非常富有表现力的词，具有间离、疏离、陌生化、异化等多种含义。布莱希特用这个词指利用艺术方法把平常的事物变得不平常，揭示事物的因果关系，暴露事物的矛盾性质，使人们认识改变现实的可能性。作为一种方法，它主要具有两个层次的含义，即演员将角色表现为陌生的，以及观众以一种保持距离（疏离）和惊异（陌生）的态度看待演员的表演或者说剧中人。就表演方法而言，

"间离方法"要求演员与角色保持一定的距离，不要把二者融合为一，演员要高于角色，驾驭角色，表演角色。而对观众的观看过程来说，是一种非沉浸式的戏剧体验，时常被中断的剧情使得观众时常抽离回到现实。布莱希特戏剧学派在它的形成过程中，一方面继承和革新了欧洲及德国的现实主义传统，另一方面借鉴东方文化，尤其是日本古典戏剧和中国古典戏曲。"陌生化效果"被认为是布莱希特戏剧理论中最具有划时代意义的理论。

课程作业

出现—消失（In-Out）

(1) 课题目标
本课题主要针对动态媒体设计作品通常时长很短的特点，研究如何在最短的时间内，特别是一开始就能吸引住观众。课题聚焦在研究和练习设计某一具体物体的出场方式，特别是第一次出现时，如何有力地交代和传达物体的主要特征和基本信息，迅速抓住观众的注意力。通过本课题，掌握对物体进行观察、分析、抽象处理的途径和方法，并且学习如何通过动的方式传达物体及基本特性等信息。

(2) 课题要求
① 课题包括以下几个部分：
- 选择一个具体的物品（real object）；
- 研究物品特性（observation）；
- 在屏幕上抽象成图形（silhouette）；
- 对图形进行解构（deconstruction）；
- 设计物体在屏幕上的动态出现—消失（in-out）。
② 研究物品特性的部分，重点考察：
- 物体的功能特性；

- 物体的形态特性；

- 物体局部和整体的关系；

- 物体内部和外部的关系；

- 物体本身的材料属性；

- 物体的感知属性；

- 物体的文化属性；

- 物体完成某一动作时的固有声音。

将物体在屏幕上抽象成图形，建议自行先对物体进行拍摄，在图像基础上进行矢量化抽象处理，先形成一张静态抽象风格图像。

(3) 成果要求
根据上述课题要求，最终完成一段不长于30秒的影像，呈现物体在屏幕上出现和消失的动态过程。

(4) 课题说明
- 大部分设计中，设计师实际处理的更多的是物体、空间、系统，以及相互关系等，因此作为基础训练，在一开始可以暂时忽略人的性格、心理、社会身份等问题。物体的属性、功能是考虑问题的基础，也是后面"形变"（机械的、温和的、有情感的）课题的基础。课题选择的物体，推荐以功能性、结构性强，形态有特点，或者局部可动的较为日常的人造物品，并且推荐选择可以方便带到课堂进行展示的物体。

- 学习对真实物体的抽象表达是设计师学习过程中的重要环节，本课题同样贯彻这一原则。图解形式建议将选择的物体图像在矢量化软件中进行抽象处理，以线条轮廓形式概括物体的形体特征。色彩以黑白为主，最多加一种色彩。因而，最终的影像以黑白矢量为主，如确有需要可以加入一种辅助色。

- 动态部分主要聚焦在设计这一物体的零部件或局部逐渐出现和消失的方式，来体现物体本身的特质，画面元素建议没有位置移动，没有形变。基本仍以客观呈现为主，不做夸张的艺术处理。

- 声音以音效为主，音效可以为物体本身发出的声音或者与物体属性相关的音效。

▪影像时长较短时，可以采用"物体出现+物体消失"重复三遍等处理方法。如果是重复三遍，可以有变化也可无变化，但变化参数不宜过多。

形变：从A到B

(1) 课题目标
观察不同抽象图形之间的相似性和差异性，并设计在不同形态之间转换的动态方式。本课题旨在锻炼观察能力和基本的动态设计语言的运用。

(2) 课题要求
任意选择A—Z的24个字母中的两个字母，将字母转成矢量，并设计三种从一个字母到另一个字母的转换过程。

(3) 成果要求
每秒不少于12帧，每种转换方式不长于3秒，三种转换方式衔接后总时长不多于10秒。

(4) 课题说明
注意字体的选择，特别是衬线体和非衬线体，不同的字体本身代表了不同的风格、应用场景、时代背景等。可以选择同一种字体的两个字母，分别设计三种不同的转换方式；也可以选择两个字母的三种不同字体，分别设计不同的转换方式。

变幻：从A到A

(1) 课题目标
抽象几何图形如三角形、圆形、方形，和自然界的万物有着千丝万缕的联系和关联，不仅仅是形式上的关联，也包括心理、文化的关联。本课题旨在锻炼如何通过动态语言建立抽象思维和具象思维之间的连接和转换，理解视觉修辞在动态语境下的应用。

(2) 课题要求

这里将三种基本几何形态和三种基本情感对应，即圆润的圆形代表快乐（happy），有棱有角的正方形代表难过（sad），尖锐的三角形代表生气（agnry），将抽象几何形和具体形象相关联，表达几何形所关联的情感。选择三角形、圆形、方形中任意一个几何图形，设计一段形变的影像，通过形态本身变化、形态变化速度等体现这一几何图形的情感特征。

(3) 成果要求

使用手绘关键帧的方式创作影像。影像每秒不少于12帧，总长不超过10秒。并且第一帧为给定的某一图形，最后一帧需要以同样的图形结尾，即需要设计从方形到方形，或从三角形到三角形，或从圆形到圆形的变化过程。

(4) 课题说明

老师事先给定3张图片，分别包含三角形、圆形和方形。同学分成3组，选择其中一张图片作为主题。在同学提交作业后可以将同组作品连接起来。

作品案例

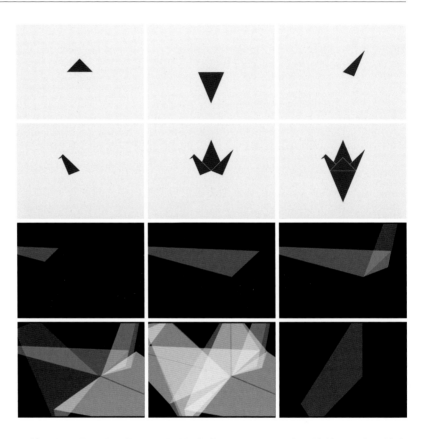

纸鹤
影像，2008
李维伊

纸鹤，由一张正方形的纸通过对折完成，是手工折纸中比较基础和常见的作品。成品的特点是图形简单，主要由三角形和多边形组成，并且翅膀部分可以上下运动，模拟鸟类飞行的动作。影像由两部分组成：

第一段影像，采用正视图的方式，以基本的几何黑色色块矢量化物品，这是很多产品说明书中常用的手法。动态部分，则采用各几何元素配合音效逐一出现的方式介绍了纸鹤的各个组成部分，背脊—左翼—右翼—颈部—头部—尾部，并且以双翼交替重复出现的方式，介绍了纸鹤翅膀可扇动的特点。

第二段影像，相比第一段而言，采用更生动和感性的方式向观众介绍纸鹤，主要表现在采用了具有动感的透视视角。另外，几何元素增加了透明度，不同几何元素的透明叠加，增加了鸟类飞翔时自由和灵动的视觉感受。同时，画面并没有如第一段影像瓣将纸鹤放在画面中心点并完整呈现，而只是截取了纸鹤的大部分，这些很好地表现了纸鹤的运动感。

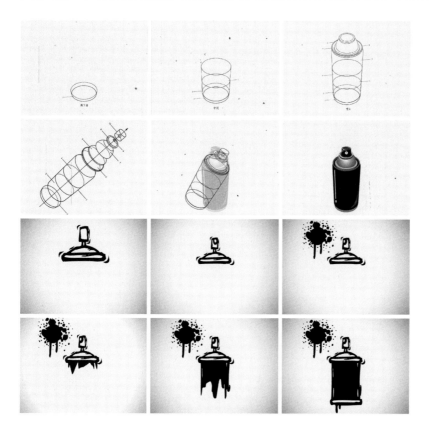

喷漆罐是艺术设计类学生常用的文具，特别是涂鸦艺术的主要创作工具。其形态简洁，主要可动部分为可按压的喷嘴部分，非常有特点的是其喷出液体时的瞬间。影像由两部分组成：

第一段影像，以非常理性的方式呈现了这一物品的结构，并且使用了产品设计中常用的矢量爆炸图的方式分解物体的各个部分。动态设计也以爆炸聚合为主。影像最后喷漆罐摇晃的设计则出自喷漆之前需要进行晃动的操作指南。

第二段影像，则主要将喷漆罐和其常用使用场景之——涂鸦进行了联系，以涂鸦插图的方式抽象表现了喷漆罐，物体出现的动态设计也以涂鸦的方式呈现。

喷漆罐
影像，2008
黄瑞

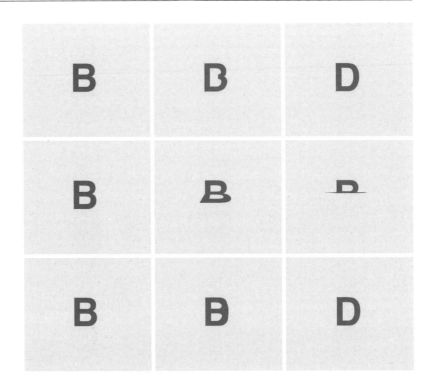

B—D

flash影像，2011

贝英杰

字母B和D的形态相似度比较高，即两个字母左侧为一直线，右侧则由曲线构成。影像呈现了两个字母间三种不同的转换方式。第一段影像，概念为B右侧两端曲线逐渐形变为D右侧曲线，完成了从B到D的转变。第二段影像，概念为B上下对折后即为D。第三段影像，则运用视觉暂留现象，运用屏闪的原理，B直接变成D。

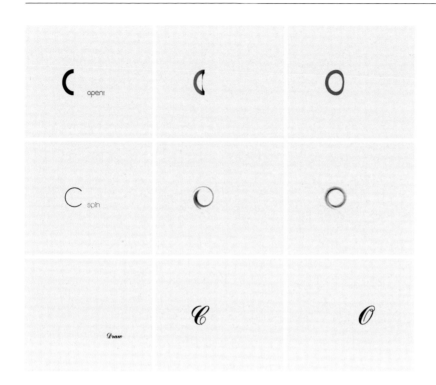

字母C和O具有近似的外形，即两个字母多由曲线构成。影像呈现了两个字母间三种不同的转换方式。第一段影像，概念为O左右对折即为C，动态设计为将C打开即成O。第二段影像，将C看作一段圆弧，绕圆心快速旋转后，在视觉暂留的作用下，视觉上形成O的形象。第三段影像，展现了艺术字体的书写过程，以连贯流畅的曲线完成从C到O的书写过程。

C—O

flash影像，2011

胡佳颖

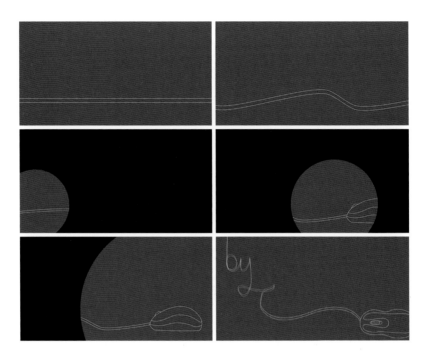

鼠标

影像，2014

于华婷

鼠标这一产品是仿生学和人机工效学在产品设计中应用的典型案例，其侧面图形是这一物品最有代表性的形象，其与电脑的连接线是其功能和形象的重要组成部分。动态影像采用舞台表演中追光灯介绍人物和场景的方法设计了鼠标的出场。圆形图形从左至右移动，观众依次看到连续的线条，最后在画面左下角看到了鼠标主体部分，中间伴随着追光灯光晕大小的变化，营造了鼠标出场的神秘感和紧张感。

圆形—Happy

2019

张梓祥/方雨婵

/沈亦煊/朱珺奕

圆形是快乐，是越飞越高的气球，是破壳而出的小鸟，是手中的冰激凌小球，是夜空中的圆月。（指导老师：洪啸）

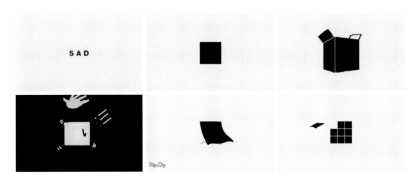

正方形—Sad

2019

褚心语/李一诺

/张一萌/陈秋宇

方形是束缚，是需要解决的难题，是锁住精灵的盒子，是遮挡光线和窗外美景的窗帘，是搬不动的水泥块，是永远也复不了位的魔方。（指导老师：洪啸）

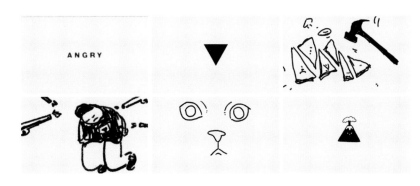

三角形—Angry

2019

林颖雯/王子骁

/汤舒祺/姚瑶

三角形是愤怒和绝望，是奶酪被敲击后的破碎，是因犯胸前的标志和跳动而悔恨的心，是猫被嘲弄后脸部的表情，是火山喷发后冲破山顶的熔岩。（指导老师：洪啸）

07　视听联觉：节奏、对位和转化

在动态媒体设计中，声音是与视觉同等重要的传递信息的载体，我们需要合理处理视听媒介之间的关系并形成整体的设计思路。与设计领域中对视觉的重视程度相比，听觉媒介以往更多是音乐或物理学科的专长。随着时代变化，设计学科承担了处理更为复杂和系统化问题的使命，其中声音理应作为系统中一个开放而多元的环节展开。我们并非孤立地将声音内容处理为脱离学科语境的纯粹审美体验，声音媒介在一段视频类作品中也并非只处于从属地位，其中涉及节奏、速度、张力、空间体验等综合因素，它们在视听体验中具有极大关联。如何在动态媒体作品中将视、听元素所拥有的潜力最大限度地发挥出来，是一个与时俱进的课题，也是数字媒体时代的设计作品成功与否的关键因素之一。

"联觉"即"通感"（synesthesia），是指人的感觉器官，即视觉、听觉、嗅觉、味觉、触觉之间的相互感通，对一种感觉器官的刺激可以引起其他感官的相应反应。基于视觉和听觉的通感方式称为"视听通感"。 我们有必要区分"联觉"和"联想"：联想是由于人们对于不同事物在经验或含义上存在着相关性而发生的主观想象，而联觉是由人的感觉器官出发的下意识的直接心理体验。由于联想具有明显因人而异的主观性，在这里并不作为研究视听关系的主要依据。

视听联觉设计的主旨是探索视觉设计与听觉设计之间的关联，以整合设计的方式处理视听媒介，研究声音与影像彼此的生成、对位和交互形式。视听联觉既是动态媒体设计的基本要素和研究对象，同时也是帮助我们更好理解动态媒体设计重要议题的方法和工具。此外，我们将视听联觉作为界定动态媒体设计的内涵以及其有别于动态图形设计和动态设计的核心要素之一。

接下来我们将分别探讨三种将动态视觉与声音之间产生关联的设计方式：

- 第一种是以音乐的节奏为参考和灵感来设计动态内容；
- 第二种是将视觉与广义的声音信息并置并探讨两者在属性上的同步与对位关系；
- 第三种是将声音的信息通过可视化的方式转化为视觉信息。

由于声音和动态画面之间的关联性是错综复杂的，因此本章所述的三类设计手法未必能涵盖处理视听联觉的所有手段，但希望能在学习动态媒体设计的过程中带来一定的实用参考价值。

节奏与运动

声音信息是无法脱离时间维度而传播的，在随时间推移的过程中声音能带来极为丰富的节奏感知体验。本节我们重点探讨如何将动态视觉所发生的具体事件在节奏上与声音产生关联。

我们若将音乐作为一种艺术门类来看待，那广义上的声音则是包含音乐艺术在内并且同时包括所有自然界声响以及非自然的人工合成声响的听觉内容。无论是音乐艺术还是更为广义的声音设计（sound design），其中包含大量针对人类听觉感知的设计方法。为探讨视听联觉具体行之有效的设计方法，我们需将注意力聚焦于某些重要属性中。由于本节所重点关注的声音的节奏问题在音乐艺术领域有着更为系统化的表述，因此我们在本节中将主要围绕音乐中的节奏和视觉设计方法的关联而展开。

众所周知，在大多数音乐作品中会包含音色、节奏、节拍、旋律、和声等内容属性，其中音乐的节奏与节拍，对于动态视觉设计而言，具有最为直观的参考价值。我们可通过训练，将音乐审美中对于时间的微妙感知作用转化到动态视觉设计中，也就是根据音乐的节律来引导动态设计中视觉运动的起承转合。

在西洋音乐的乐理中，通常将节拍描述为由强拍和弱拍交替组成的周而复始的节奏规律，通过节拍将音乐行进时间分割为均等的单位。由此我们可将节拍理解为重复的有规律事件的排列组合，此类组织形式与平面视觉设计中的网格系统有着明显的逻辑关联。就如同人类的心跳和走路的步伐一般，重复与循环能使人联想到生命的律动感。

"重复"是设计表达中最为基础的手法，静态的画面在网格系统指引下在元素重复中形成了秩序、模式、节奏和张力。在动态设计领域，在时间推进中设置动态事件的重复循环规律，能有效在视觉上产生舞蹈般的审美感受。由此我们可看出音乐、舞蹈、视觉艺术三者在时空表达与感知上的必然关联性。在动态媒体设计中，我们需合理处理一个运动事件的重复行进或循环往复，在设计重复事件的过程中需要合理处理停与动之间的关系，比如一个物体在快速运动之后短暂停顿，随后继续重复先前的运动，这样便可产生如同音乐节拍一般的规律秩序感。

虽然重复能产生视觉上的熟悉感，让人形成对于某些固有模式的期待和预判，但一味周而复始的机械重复会使人感到枯燥乏味。因此，无论是舞蹈还是视觉艺术都需要从音乐节奏节拍的艺术表达中汲取养分，从而形成优美灵动的律动感。音乐中不同的节拍是源自强音与弱音之间的不同配比产生的数理上的排列组合，除了强音之外还会有次强音来强化节拍中的层次感。由不同拍数组成的小节配合不同的音乐行进速度，会带来行进、跃动、流畅、平缓等各种心理感受。乐曲行进的速度也会受到音乐情绪的影响而发生微妙的变化，这是一种在稳定网格体系下的具有"弹性"的演绎。在动态媒体设计中需要把握住这种由速度变化渐进而产生的节奏张力：通过缓慢加速和缓慢减速的交替，能营造一种带有弹性的"呼吸"感，就如同一个乐句行进到一半，与下半句乐句之间产生的渐缓的"气口"那样。类似的处理手法能让动态内容摆脱机械重复的质感，产生更具自然诗意的运动特征。

从宏观视角而言，处理时间与节奏的关系会与叙事和情感变化产生诸多关联。声音和画面在整体运行节奏上都存在能量的积累与衰减的过程，比如音乐在行进中由平缓情绪逐渐转为强烈，这一过程往往会伴随着音量和速度上的综合变化，而在乐曲末尾所有情绪会随之衰减，转为平缓直至声音消失。就如同一个弹性的小球不停地跃动，在这个过程中弹性势能会随之逐渐衰减，我们也可以给小球施加弹力以加大运动效能。无论是在节拍运行时的缓慢加速，还是在速度到顶点后的急停，这些事件重复过程中渐进和突变的营造都会产生令人难忘的记忆点。在这些节奏变化过程中，停顿是始终需要被重视的因素：音乐中的"留白"与绘画有着异曲同工的效果，即"此时无声胜有声"，恰如其分的停顿能产生美妙的戏剧张力和意境。设计师通过细致体会音乐中存在的各种节奏变幻并适时地运用于动态视觉的处理中，能让作品节奏更为收放自如。

上述的设计方法总体是以音乐或声音艺术作为创作的基础，由此根据音乐的节奏与相应节点为参考来设计制作动态视觉。此类手法在商业影像创作中使用最为广泛，比如为乐队、歌手打造的MV音乐影像，为舞台演出打造的背景大屏幕动画和灯光秀，以及广告视频中根据音乐节拍而设计的影像脚本。当前，随着网络短视频和自媒体播客文化的发展盛行，以抖音、小红书等平台为代表的移动端视频内容创作，其大量的制作手法皆是首先选取合适的背景音乐素材，随之根据音乐的节奏点进行"卡点"式的视觉内容设计。而在动态影像发展历史中还有一种被称为视觉音乐（visual music）的形式，此类别与历史上的实验动画领域息息相关，其强调的是视觉自身所具有的如音乐般流淌的属性，创作者会强化只通过视觉而非视听同步来获得音乐的审美享受，比较纯粹的视觉音乐创作与以瓦西里·康定斯基（Wassily Kandinsky，1866—1944）[1]为代表的抽象主义艺术家的理念相辅相成。康定斯基在《论艺术里的精神》一文中，阐述了通感联觉在艺术创作中的意义："色彩有一种直接影响心灵的力量。色彩宛如琴键，眼睛好比音锤，心灵有如绷着许多根弦的钢琴。艺术家是弹琴的手，只要接触一个个琴键，就会引起心灵的颤动。"[2] 这种形象的比喻体现出视觉创作中内隐的音乐性，此类视觉艺术家寻求的并非是音乐与视觉之间表面形式的匹配关系，而是需要努力将创作者自身对音乐的感知理解转化为视觉创作的行动力 [图7.1]。

1

瓦西里·康定斯基，抽象主义画家与美术理论家，抽象艺术的奠基人之一。曾组织思想前卫的"青骑士"社团，先后发表了《论艺术里的精神》《形式问题》《具体艺术》《点线面》等著作。

2

康定斯基，《论艺术里的精神》，2020：40。

图7.1
康定斯基关于点、线、面的
抽象绘画代表作品之一《构
成第八号》，1923年，油画，
140×201厘米（图片来源：美
国纽约所罗门·R.古根汉姆博
物馆藏）。

3
本章内容参见：张屹南，《多
媒体设计中视听语言间的互动
方法研究》，2007。

音画属性间的对位关系

在动态媒体设计中，我们试图将声音（听觉）与画面（视觉）作为平等的媒介看待，两者具备相互交融的耦合关系，其共同构筑了用于传递丰富信息的感官体验。本章中探讨的视听联觉是从相对广义的角度来体会声音和画面之间的感知关联，并试图从理性和感性两方面挖掘视听媒介之间的共通之处。在理性层面需要将视觉与听觉的感知属性进行归纳罗列，在感性层面是对元素之间的对位关系以及视听语言中存在的能量与张力等问题进行探讨。[3]

在本节中所述"音画"概念中的"音"泛指声音，包括自然之声、人工模拟的声音以及音乐。所谓"音画属性间的对位"，是指声音和画面内容在时间的线性变化过程中相应元素能形成关联与对应，借助视听联觉的属性特征以及相互匹配的规律，设计师可以创造出综合的影音表达方法。

由于听觉和视觉在本质上是两种截然不同的媒介，两者在感官体验上的关联是错综复杂的。我们以视觉为基准研究音画之间的微妙关联，将分别从静态视觉和动态视觉内容中提炼出必要的可量化属性，把它们理解为一个个设计变量，再将每个变量传达出的信息与声音的固有属性形成逻辑上的关联，以归纳出合理的音画组合规律。静态画面内容存在诸如大小、高低、明暗、疏密等属性，动态视觉内容在时间推进中可构成诸如运动速度、节奏、弹性、收放、张力等属性。虽然声音媒介始终伴随着时间维度的推进，但声音的属性也会随时间发生不同等级的变化模式，因此我们同样可以找到声音属性的"运动"规律，其中主要包括音高、音量的动态变化，以及声音方向和空间的运动变化等。

静态视觉设计的基本组织因素是图形、图案与色彩，其中可分为与物理能量相关的量化指标和与心理体验相关的感受指标两类。物理相关的量化指标本质上是与能量强弱相关联的两级属性，在视觉中可概括为大与小、亮与暗、鲜艳与灰等相对立的显性因素，这些属性分别由体积、明度和色彩饱和度等因素构成，其中对每个因素的描述都可与量级强弱与否形成关联，比如大小代表了体积的量级、亮暗代表了明度的量级。声音中与量级直接相关的物理因素是振幅，其体现为音量大小变化。由此我们便能以量级强弱为线索进行音画匹配，比如声音强弱感与物体大小、重量、明暗之间具有联觉上的对应关系，音量越强，则其对应的视觉对象较大、较重、较亮、色彩较鲜艳。

视听语言中的运动元素，能让人们产生诸如高涨与低落、强烈与缓和、紧张与松弛等心理情态活动，可以将视听媒介根据人的情态变化进行基于运动关系的同步对位。从视觉体验来看，向上的运动具有积极的力学样式，因此在观众的眼中呈现出积极的态势；向下的运动则常常表现出消极的力学样式。在物理世界中，大与小、轻与重，运动的灵敏与笨拙、快捷与缓慢是统一的，因此声音频率的高低就与对象的这些物理性质之间形成了联觉的对应关系。所谓平静、缓慢，就是构成事物状态的诸要素在时间中变化稀少；所谓运动、快速、激烈，就是构成事物状态的诸要素在时间中变化频繁。

表7.1 视听语言的相关元素属性表

	元素名称	元素概念组成	元素属性
画面相关特征	镜头视角	透视 景深 焦距	立体感 层次感
	位置	空间坐标	高低 远近 上下左右
	质感	物体材料属性	新旧 纹理 光滑 粗糙
	形状	轮廓 形态	规则 不规则 圆润 尖锐 平滑 棱角分明
	体量	体积 面积 重量	大小 轻重 厚薄 宽窄 高矮
	色彩	色相 饱和度	冷色 暖色 鲜艳 灰暗
	明暗	明度 光线强度	亮暗 强弱
	视觉时间	物体属性的变化	快慢 节奏
	物体运动	移动 旋转 缩放 形变 色彩变化	速度 加速度 稳定性 节奏
	镜头运动	平移 拉伸 摇动 变焦 晃动	速度 加速度 稳定性 节奏
声音相关特征	音量	振幅	大小 强弱
	音高	频率 音阶	高低
	音色	波形 频谱	噪音 乐音 冲突 调和 明亮度
	旋律	乐音的走向和组合重复	疏密 松紧 和谐 冲突
	和声	乐音的叠加组合	疏密 松紧 和谐 冲突
	听觉时间	速度 节奏 节拍	声音时间属性的变化 对比 调和
	听觉空间	混响 相位 环绕声	立体感 层次感 方向感

表7.1根据视听语言中各元素的类型、概念组成以及特点进行分类整理，以此作为后续建立各元素特点中对位关系的基础。

在视听语言的属性中还有一种隐性的能量因素，即"张力"。张力是指元素的内在力量或运动的趋势及方向感，这是由元素构成方式的内因决定的。在视觉体验中，物体形状具有宽与窄、物体位置有高与低、物体之间构成关系有疏与密等描述，这些视觉意向在心理体验中都会形成不同的张力感受。对音频而言，声波的振动频率快慢决定了音高，而我们习惯使用描述位置的字眼"高"与"低"来形容声音振动频率快慢（即音高）。这种类比方法或许是按照潜在的能量级——位置越高的物体具备更大的势能，频率越快的振动也具备更大的驱动力；在心理体验方面，位置较低的物体相对较高的物体具有更强的稳定性和安全感，低音

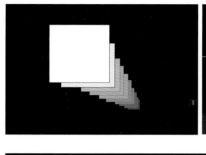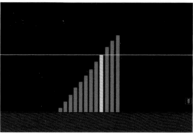

图7.2
视听等量对位（左图：高度与
音高的对位关系 ，右图：距
离远近与音量的对位关系）

图7.3
物体的体量变化与音高对应关
系的研究（从左至右分别对应
大小与音量之间的对位关系）

带来的心理感知也同样比高音更具沉稳感［图7.2］。

体量指物体的体积、面积等几何属性，以及和体积相关的重量属性。物体的体量有大小、轻重、厚薄、宽窄之分。视觉的体积与音高的关联主要来自人们的心理感受，自然界中往往体量越大的物体或生物会发出频率越低的声音，因此匹配关系通常是：音越高，体积越小、重量越轻；音越低，体积越大、重量越重。听觉音高的感觉与情态兴奋度之间也具有联觉上的对应关系：音越高，情态体验越倾向于兴奋性；音越低，情态体验越倾向于抑制性［图7.3］。

与物体形状相关的属性诸如圆润与尖锐、柔和与刚硬等描述词，这些可体现为心理感受的紧张与松弛。因此，我们也不难根据情态感受的层级关系来将音画进行匹配，比如：物体形状越规则，对应声音的音色越柔和；形状越不规则，对应的音色越突兀。 而"圆润"、"尖锐"等形容形状的词汇也可直接用于形容音色，圆润的音色会让人听觉上产生饱满与舒适感，尖锐的音色则多为刺耳的高频音。。长音使人产生物体大、重的感觉，短音使人产生物体小、轻的感觉。音长与视觉对线条状态的感觉具有联觉上的对应关系：快速的发音，使人产生线条急促、生硬，形状尖锐的感觉；慢速的发音，使人产生线条平缓、柔和，形状平钝的感觉［图7.4］。

图7.4
图形形状与声音关系的研究
（上左：音色越圆润，视觉形
状越规则，上右：声音长短与
视觉体积大小的关联，下图：
音色与形状粗糙度的关联）

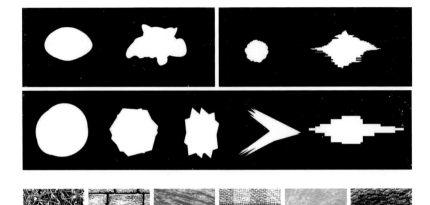

图7.5
音色的粗糙度和光滑度对应的
不同材质体验

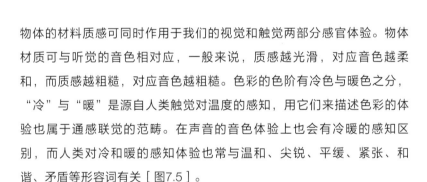

物体的材料质感可同时作用于我们的视觉和触觉两部分感官体验。物体材质可与听觉的音色相对应，一般来说，质感越光滑，对应音色越柔和，而质感越粗糙，对应音色越粗糙。色彩的色阶有冷色与暖色之分，"冷"与"暖"是源自人类触觉对温度的感知，用它们来描述色彩的体验也属于通感联觉的范畴。在声音的音色体验上也会有冷暖的感知区别，而人类对冷和暖的感知体验也常与温和、尖锐、平缓、紧张、和谐、矛盾等形容词有关［图7.5］。

通过上述分析，我们可以归纳出视听语言基本元素之间的对位关系如表7.2所示。

如上，我们探讨的"对位"方法是将两样具有不同特征的事物按一定属性规律进行变量上的对应。但需注意的是，在一段动态影像内容中，声音和画面并非时时刻刻都需要进行对位和同步：有的时候声音和画面可以"各行其道"，两者相对独立地各自行进而没有明显关联性，这会产生一种相对随性与自然的状态；另一种方式是设计师刻意将声音与画面内容进行逻辑上或情态上的错位，又称为"音画异步"。音画异步的处理方法在影视戏剧理论中被论述得较多，因为声音和画面在情态上的错

表7.2 视听语言基本元素的对位关系表		
视觉语言相关元素	听觉语言相关元素	对位关系
视觉高度	音高	视觉越高——声音越高
距离远近	音强	距离越近——音强越大
视觉空间位置	听觉空间位置	以立体声或环绕声模拟与视觉元素对应的音源方位
物体形状	音色	形状越规则——音色越圆润
物体形状	音长	形状越尖锐——音长越短促
物体体量	音强	体量越大——音强越大
物体体量	音高	体量越大——音高越低
物体质感	音色	质感越光滑——音色越圆润
色彩	音色	色彩越鲜艳——音色越丰富
色彩	和声	色彩越和谐——和声越和谐
明暗	音高	色彩明度越高——音高越高
明暗	音强	色彩明度越高——音强越大
物体运动	音高变化	物体运动速度变化越快——音高变化越快
物体运动	音强变化	物体运动速度变化越快——音强变化越快
物体运动	听觉空间属性变化	物体左右移动与立体声音源左右变化相对应
镜头运动	听觉空间属性变化	镜头左右移动与立体声音源左右变化相对应

位往往能形成极有戏剧性的反差，这与"以乐景衬哀情"的文学手段相类似。有时，声音和画面在时间和逻辑关系上的错位也同样会给观众带来印象深刻的奇特体验。音画关系是同步还是适当错位，抑或完全异步，其中的弹性与诗意把控的艺术才是设计师最关键的能力体现。在首先确立了属性对位的原则之后，视听媒介之间产生了"化学作用"，有了互相影响和转化的可能性。

此外，在动态媒体设计实际创作的建立视听同步关系的过程中，设计师除了需要以一定法则和技术将视听信息在时间线上有机整合，还可以根据主观意志进行更有弹性的处理，音画交融的处理手法源自设计师对时空的感知所产生的生理和心理的综合经验［图7.6］。

图7.6
通过互动作品对视觉与声音张
力对位方面的一些探索

基于"声音可视化"的转化模式

前面我们分别探讨了根据声音（音乐）的节奏指引动态设计的方法，以及通过视听元素的属性特质进行音画对位与同步的方法。在本小节里，我们将探讨如何将声音所具备的信息以可视化设计的方式进行呈现，以便更为准确诠释出声音媒介独有的特征。

在视觉传达设计领域，"可视化设计"是指将信息和数据通过视觉图形和图表等方式呈现的设计方法。我们以声音可视化（sound visualization）来指代采用视觉信息较为客观地呈现声音信息的方法。科学领域的声音可视化会将声音的物理属性以波形或其他图表形式展现，而本章探讨的将声音转化为动态视觉的形式可以更为多样，是介于科学分析与物理表达之间的设计范畴。从听觉效应的物理形态来看，声音没有可供视觉感受的形、色、状，因此，如何将这些信息以视觉图形图像形式进行呈现，使生涩的声音波形图变得生动有趣，是留给动态媒体设计师发挥的课题。

在当今数字媒体时代，我们除了可以将视听语言以上文的同步对位方法为基础、以手动绘制或手动调节关键帧的方式进行创作，还可以通过数字媒体的算法和映射逻辑为实现渠道进行生成设计，以创造出理想的声音可视化动态作品。

映射（mapping）是指建立在拥有可供对位匹配的数据源的基础上，先将这些数据源以某些预设的法则进行对应，再将其连通以实现信息之间单向、双向或多向的传输和干预。映射的对象是指完成映射活动的信息载体，一般将特定媒介中的可量化属性作为映射对象，而这些属性需要具有线性的可变区域，由此每个对象之间在变化范围内可以进行对位匹配。

在声音可视化设计中，音乐与视觉信息之间需建立起某些属性上的关联，以实现信息的转化与生成。从声音的物理属性来看，它是由空气震动产生的能量传递，声音不具备形与色，但具有与能量、振幅和频率相关的一系列可量化因素。我们可将数字音频中蕴藏的信息设置为可视化设计中的"变量"，并通过计算机算法逻辑建立起视听变量之间的匹配与映射关系。

设计师首先需要根据预先设置的逻辑关系来判断信息间的匹配规则，比如在上一节我们已展示出声音信息的音高、音强、音色、声音方位等要素，与视觉感受中的颜色、亮度、形状、体积、材质肌理等特质间能建立起丰富的对位关系。接下来，可以运用数字媒体技术结合计算机算法实现声音可视化，运用数字媒体所特有的信息处理、运算和动态图形图像渲染方式来助一臂之力，将先前设定的映射原则进行有效转化。我们可提取出数字音视频中的关键变量，并将这些数据的变化范围进行动态匹配，比如将声音音量的数据变化范围（0~127）分别匹配到图像透明度的数值变量（0~255），当音量为0时透明度为0，音量递增至127时透明度递增至255，之后便可在动态媒体设计的过程中将音频内容与视觉信息进行自动化的逐帧匹配，以实现在部分属性上的视听感知同步。我们也可将同样的音频变量内容匹配给不同的视觉变化，通过合理调整其中的配比以实现综合而有效的可视化模式。

由于声音本身具有丰富而微妙的情感化信息，在可视化过程中，很难以单一的法则去机械地将其转换成视觉，如何创造出生动且具有表现力的视听转换模式是音乐可视化设计的难点所在。瓦尔特·本雅明（Walter Benjamin, 1892—1940）在《机械复制时代的艺术》一文中指出，影像是重造或复制的景观，现代的复制手段摧毁了艺术的权威性。艺术作品特殊性的"灵韵"（aura）在机械复制的时代消失了。这很容易让人联想到许多媒体播放器的由计算机根据规则自动生成的音乐可视化动画，其因为无法准确地体现出不同音乐的独特审美特性而流于一种背景式的飘浮画面。视听媒介的映射关系虽然没有"放之四海而皆准"的法则，但针对人类一些共通的感受而言是可以总结出相关规律的。因此，视听语言映射法则的建立起到至关重要的作用，也是设计师的关键用武之地。设计者根据自身的感受和主观判断制定信息间的对位方式，体现了创作者自身情感与经验的主导。

本章小结

"视听语言"是动态影像的本源形式，不同领域的从业者都在以不同方式挖掘着视听联觉的无限表现力。由于不同细分行业对待视觉与听觉信息的处理方式和目的都各不相同，且视听媒介各自都具有极为丰富且复杂的学术理论与技术脉络，因此我们很难在较短篇幅中将其中关乎设计方法的问题描述得很透彻。但毋庸置疑的是，系统学习动态媒体设计方法，是有助于在视觉与听觉信息之间搭建起桥梁，只有将设计思维融会贯通之后，设计师才能有效运用现有的媒介技术更好发挥出视听语言的整合效应。

另一个需要关注的问题是，在设计领域针对视觉相关设计内容的探讨比针对听觉相关设计探讨要丰富得多。随着设计行业在如今智能化时代更多着眼于营造多感官联通的体验情境，设计师越发擅长使用媒介技术进一步挖掘和提升人的感知共情能力，我们有必要将视听联觉概念引入设计领域，以整合设计的思维方式对待动态媒体作品。视听联觉设计中的声音对象，不仅包括了传统意义上的音乐，还包括人声、语言以及自然界和非自然的一切可能的音响效果。声音设计的概念与视觉设计是相辅相成的，通过对各种有机元素的组合、构成来达到设计的表达效果。通过对声音设计的研究挖掘，可同时拓宽设计自身的表达空间与潜力。

延伸阅读

▪ Kerry Brougher, Olivia Mattis, Jeremy Strick, Ari Wiseman, and Judith Zilczer. *Visual Music: Synaesthesia in Art and Music Since 1900*, 2005。

本书系统介绍了与"视觉音乐"相关的各种历史流派，追溯了过去一个世纪以来音乐对抽象和混合媒体视觉艺术形式发展的影响的历史，并且介绍了诸如瓦西里·康定斯基、哈利·史密斯（Harry Smith）和詹妮弗·斯坦因坎普（Jennifer Steinkamp）等人物的创造性思维和相关作品，并辅以学术论文的延展内容。

▪ 索南夏因（David Sonnenschein），《声音设计：电影中语言音乐和音响的表现力》，2015。

本书把声源发声、心理声学、音乐、语言、画面的理论和背景结合在一起。内容涵盖广泛，以尽量通俗易懂、实践性强的方式展现声音设计师的创造力。

▪ 康定斯基，《论艺术里的精神》，2020。

康定斯基写于1912年的这本著作，是现代艺术理论的经典文献之一。该书上部探讨艺术与社会文化、艺术与人类精神的关系，以及在现代社会中艺术精神面临的危机问题。下部阐述纯粹绘画的形式和精神问题，并勾勒出现代色彩构成和平面构成的基本设想。全书虽篇幅短小，但提纲挈领，内涵深刻，为现代抽象主义艺术和设计奠定了坚实的美学基础。

▪ 米歇尔·希翁，《视听：幻觉的构建》，2014。

本书从多个层面分析了语言、声响、音乐等各种声音元素如何赋予影像时间感、空间感，起到"增值"效果，并重新考察了声音在视听媒体中的地位。

▪ 李小诺，《音乐的认知与心理》，2017。

本书力图以音乐分析（乐谱文献、手法技法、风格等）为切入途径，以音乐创作、表演、欣赏等实践活动为对象领域，以认知神经科学的研究成果为分析佐证，以实证数据分析为依据，从认知心理学、语言学、人类学、认知神经科学、计算机科学和音乐学之诸分支学科（音乐审美心理学、音乐分析学、音乐表演理论、音乐教育学等）等多学科的视角，分析音乐认知诸环节的心理状态，构建音乐认知科学的基础理论框架。

课程作业

声音节奏工作坊

(1) 课题目标

通过在课堂中进行节奏与节拍的训练，让学生体会强音与弱音之间组织规律和节奏带来的魅力。以日常可触及的材料和用品为道具，以分组的形式配合完成打击乐表演。由于并非所有学生都有良好的音乐乐理基础，因此在条件允许下，本单元的节奏讲解与练习可在专业的音乐教师指导下进行，或以工作坊形式进行现场分组创作。本课题是针对本章节中关于节奏与运动内容的专项训练之一。

(2) 课题要求

分组之后，每组同学自带各种可以发声的物品，认真聆听这些物件之间碰撞摩擦所发出的声响，并相互配合进行类似打击乐的敲击训练。学习节奏节拍的组织方式，分别以二拍、三拍、四拍或更多拍数组合而成的小节循环来创造音乐中的基本节拍形。学会搭配使用具有不同音高和音强的声音，以相对较低音的发声方式作为节拍重音，以中音域的发声作为节奏弱音，以高音域的发声作为装饰音。

(3) 成果要求

课堂汇报，分组实现的课堂打击乐表演。

(4) 课题说明

本课题看似与音乐演奏的基本节拍训练相仿，但在训练过程中应重点提

动态媒体设计

升学生对于声音元素信息之间组织方式的理解与认知，并融会贯通地将听觉系统的组织方法与视觉系统形成关联，形成对于视听语言共通的节奏感的认知。在创造基本节奏之后，可适当运用自身敲击力度和整体速度的渐进变化，来创造更具表现力和节奏张力的演绎［图7.7］。

图7.7
课堂上以小组形式进行的节奏练习

音乐灯光秀

(1) 课题目标

在现代舞台演出中，通过对现场影像、动画、灯光的系统设计伴随音乐与现场真人表演能创造出综合视听效果。在20世纪70年代诞生了VJ这一名词，用以称呼那些专在聚会、主题活动或演出现场提供影像的人。VJ是"影像骑师"（Visual Jockey）的缩写。VJ艺术在广义上可用来描述任何实时操控的视频表演，主要目的是为现场观众提供与音乐表演相同步的视觉体验。本课题希望以影像设计的形式来模拟为舞台现场设计的动态灯光，以达到视听同步的效果。本课题是针对本章节中关于节奏与运动内容的专项训练之二。

(2) 课题要求

为你的屏幕里设计一段音乐灯光秀。任意选取一段30秒~60秒的音乐素材，制作成视频。建议选择节奏明确或变化有张力的乐曲，不需要出现场景和实际物体，可以用白色块边缘模糊的矢量图模拟光效，也可使用辉光等特效。课题重点在于练习如何处理灯光与音乐节奏之间的对位关系。

(3) 成果要求

每位学生独立完成一段30秒左右的动态影像作品。

(4) 课题说明

通过本课题的训练，希望学生重点关注音乐节奏带来的运动张力，并努力捕捉到一段音乐中包括节拍、配器、旋律等因素在内的重要信息，并将这些信息经过提炼后转化为视觉的明暗变化。处理画面的明暗变化时，应根据音乐的感知而分别实现渐变、突变、频闪等效果，在不同时间节点的具体亮度上也应根据音乐带来的听觉感受做出判断与设定。这里的设计方法包含针对音乐信息的相对客观的体察，也包括自己相对主观的筛选与判断。由于我们无法通过视觉把音乐中全部信息内容都呈现出来，因为即便这样尝试也会让视觉变得杂乱不堪，因此必须提炼出和音乐节奏相关的关键信息并在视觉上予以强化，过滤删减次要信息——此类针对信息的提炼与概括也是动态媒体设计的核心能力，也能为之后声音可视化的练习打下基础。

声音采集和编辑

(1) 课题目标

动态媒体设计师针对声音设计的基础训练并不是需要培养作曲家，而是能够进行声音的基础性采集、编辑、处理，理解声音的基本特征和属性，并将设计思维应用到声音和视觉的关系中。

(2) 课题要求

使用简易便携式录音设备记录生活中的各种声响，也可以在设备条件允许的情况下在录音棚对不同材料所发出声响进行录制。之后使用数字音频编辑软件对声音素材进行串接与后期合成，重点训练对于带有氛围感的声音的录制与编辑。

(3) 成果要求

提交一段WAV格式音频文件。

(4) 课题说明

本课题旨在培养学生聆听与记录身边的各种声响，并运用简单的数字音频技术进行编辑与合成。此类训练有助于发挥设计师对声音内容的创造力，并且逐渐摆脱对于使用固有声音素材（背景音乐）的依赖。

视觉音乐创作

(1) 课题目标

根据一段既定音乐创造与之匹配的动态影像内容，以抽象的动态图形图像设计代替角色动画的具象叙事与场景感。要求综合体会视听联觉和音画之间各种元素属性的对位关系，以动态媒体的手段让视觉内容与音乐实现有机同步。

(2) 课题要求

挑选一段音乐作品，对其背景和风格进行分析，并将其剪辑为30秒左右的音频素材。通过音乐所传达的信息进行视觉设定，绘制故事板、制作动态故事板，并进行动态影像设计。

(3) 成果要求

每个学生独立完成30秒左右的动态影像作品。

(4) 课题说明

"视觉音乐"这一术语在历史上有不同的表现形式，其本质目的是体现出视觉所具有的音乐属性，而本课题训练内容与音乐视频和音乐类角色动画虽有诸多相似之处，而最大不同点是本课题要求使用抽象的动态图形的运动来展现音乐内容。历史上的实验动画先驱奥斯卡·费钦格、诺曼·麦克拉伦的音乐动画作品对本课题具有很大的参考价值。

本课题音乐的选择建议以知名的经典作品为主，因为这些作品可以找到较多的作品分析的文本作为参考。视觉及动态设计可以使用手动设计抽象图形图像以及手动设置关键帧的方式，也鼓励使用算法设计和生成设计的手段搭建视听媒介间的桥梁，以跨媒介的方式拓展动态媒体表现形式。生成设计的方式要求学生具备一定动画脚本开发或软件的编程能力，推荐使用After Effects软件中的脚本功能，或是使用Processing开源编程软件实现相应基础可视化功能，并最终输出成可播放的视频文件。

作品案例

灯光秀练习
影像，2017
林诣涵

作品以所选音乐为基础，根据其节奏、节拍、配器变化设计画面视觉。设计概念主要以最基础的灰度变化配合相应的底纹图案来模拟灯光的变化。

灯光秀练习
影像，2017
张一格

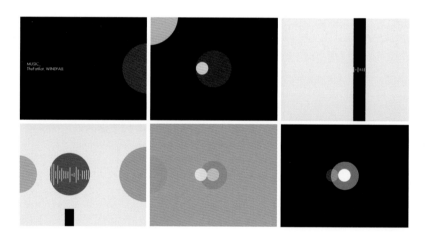

作品以所选音乐为基础，根据其节奏、节拍、配器变化设计画面视觉。设计概念以最基础的圆形、矩形等图形配合不同灰度变化代表灯光的变幻。跟随音乐的律动，画面中的图形采用频闪、叠化、淡入淡出等关键帧动画内容进行时间节点的匹配。

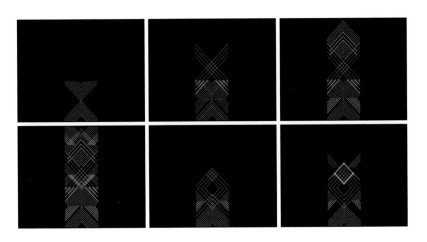

巴赫视觉音乐

影像，2004

徐笑海

以巴赫的钢琴曲为灵感，使用线条组成规则的图案以形成动态视觉的律动变幻。采用黑白灰的色调配合非常节制的画面元素，试图通过有限元素之间的排列组合创造出无限丰富的图案形态组合，在设计方法上与复调结构的巴洛克音乐的作曲方法有异曲同工之妙。

Endless Drum

影像，2007

陈思宇

以紫色圆环扩张的动态设计体现打击乐的鼓点变化，将鼓声的声波形象地提炼概括为向外扩张的同心圆，并且在三维空间中创造出圆环间的立体结构，以隐喻声音在立体空间中的传播。

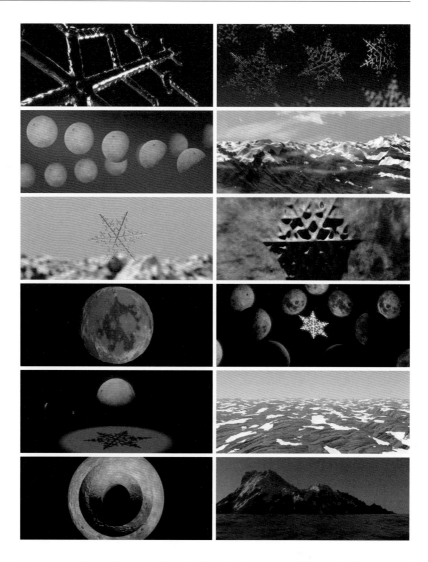

月出

影像，2018

吴迪

以音乐人朱哲琴的音乐《月出》为创作灵感，将音乐中所描绘的意境以自然界中的山川、河流、雪花、月球等视觉内容进行动态设计。采用3D软件中的脚本动画，将音乐中的频率、音高等信息通过数字算法映射到山川、河流、雪花等内容的动态生成过程，产生了亦真亦幻的写意的影像叙事。

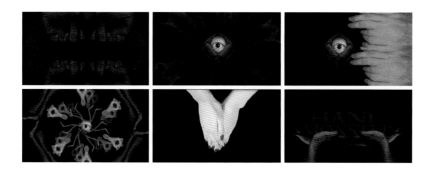

选取了斯特拉文斯基的"野兽派"乐曲进行分析，并最终以拍摄手部和眼部的形态为视觉基础，进行动态影像的再设计。强调画面中的图像构成关系、空间层次感营造，并在节奏韵律上尽量与音乐中的节拍进行对位，将抽象的视觉意向与舞蹈的审美有机结合。

Hand Monster
影像，2015
黄诗芸

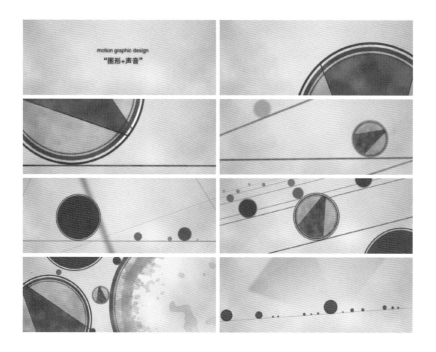

以康定斯基绘画理论为灵感，探索基本图形在空间中通过色彩、形态、组织方式所构成的内在张力。每个图形元素如同音乐中的音符一般，随着背景音乐的进行，图形之间产生奇妙的组织规律，并且通过带有三维纵深感的空间场域将这些动态规律的起承转合进行诗意的衔接过渡。

图形＋声音
影像，2007
洪啸

08 时序编排：缩放、重置和并置

至此，我们就动态媒体设计在声音、运动、物体和形态变幻等方面的基础要素进行了探讨和学习。而动态媒体设计另外一个关键要素则是时间。前面的练习虽然都是在时间线上展开创作，但尚未将对时间本身的处理纳入系统研究和学习的范畴。

时间的本性和艺术加工

在科学领域，时间是一个较为抽象的概念，用于衡量事物发生的持续性和顺序性。时间通常被定义为一种物理量，是用于描述事件发生先后顺序和持续时长的方式。通常，确定或度量时间，是基于不受外界影响的物质周期变化的规律，如月球绕地球周期、地球绕太阳周期、地球自转周期、原子震荡周期等。在日常生活中，时间通常被测量和表示为秒、分钟、小时、天、月、年等单位。时间也被认为是不可逆转的，只能朝一个方向流动，即从过去到现在再到未来。爱因斯坦的相对论提供了一种新的理解时间的方式，与我们平常对时间的经典观念有很大不同。相对论中的时间概念是一种相对的、与空间紧密相关的概念，取决于观察者的速度和位置。爱因斯坦从相对论的角度认为，时间和空间是人类认知的一种错觉。

而在所有的文化艺术设计领域，不管是文学、电影、舞蹈、戏剧、音乐、绘画、设计等，都需要处理时间这一主题，不同的媒介处理的方法也各有不同。比较、理解和学习其他艺术作品中对时间的处理方法，将对动态媒体设计的创作有着极大的启发。

譬如，在文学创作中，文本一般会标明字数，但至于作者花了一天是写一万字还是寥寥十来字，是作者根据文本和自己的风格等要素确定的。意大利著名作家伊塔洛·卡尔维诺（Italo Calvino，1923—1985）[1]认为，文学创作经常都是对时间的连续性的一种加工，是采用延长或压缩等办法来对时间的行程施加影响。他总结了以下五种常用方法：

- 时间压缩：西西里人讲童话故事时，常用这样一句口头禅：别管又过了多少时间。这是说他要讲别的故事了，或者要跳过几个月、几年的时间。

- 时间延长：离题（慢镜头）或插叙，是推迟写结尾的一种策略，是在作品内不断拖延时间，不停地进行躲避。"死亡就是时间，是一步步变得具体的时间，是慢慢分成片段的时间，或者说是渐渐走向终结的抽象时间……"

- 时间重复：民间口头传说的技巧是非常实用的，即对不需要的情节避而不谈，对有用的东西则百般重复。例如，讲克服一系列困难的故事，重复就不可避免。儿童听故事的兴趣，也表现在对重复的期待上，希望重复一些情节、一些话、一些夸奖。在诗歌中要强调节律，在小说中有些事情要像诗歌中的音韵一样反复。查理大帝的传说叙事效果好，就因为它那一连串的事件前后呼应，如同诗歌中的韵脚反复出现一样。

- 时间的相对性：民间文学总是忽视时间的延续，倾向于迅速实现人物的愿望或使人物重新获得失去的幸福。这里的时间甚至可以完全停止，如在睡美人的城堡时间就停止了。夏尔·贝洛这样写道："甚至插满了山鹑与野鸡的扦子，也睡着了，连炉火都睡着了。这只是一瞬间的事，因为仙女们做事迅速无比。"这也是各国民间文学中一个共同的题材，如写到阴间去的人在那里好像只待了几个小时，回到阳间家乡却变得认不出来了。

- 时间的寓意性：故事时间的寓意性，即故事时间不能与现实时间等量齐观。在相反的情况下，如东方特有的故事之中套故事，这里的故事时间不断扩张，也属于时间的寓意性。《一千零一夜》中山鲁佐德之所以一天一天不被处死，原因就是她善于在故事中套故事，并善于选择时机终止故事。她做了两件事：时间的连续性和时间的不连续性。她的秘诀就是掌握节奏、捕捉时机。[2]

1
伊塔洛·卡尔维诺，意大利当代最有世界影响的作家之一，文学团体"乌力波"（Oulipo）的主要成员之一，痴迷于探索语言实验以及文学的边界。其代表作有《通向蜘蛛巢的小路》《看不见的城市》《意大利童话》等。

2
卡尔维诺，"美国讲稿"，摘自《卡尔维诺文集》，2001：346–350。

3

丁柳，《当代西方剧场艺术中的时间实验》，戏剧艺术，2023，（3）：135+137。

在视觉艺术领域，摄影发明之初迈布里奇等用一系列照相机连续拍摄的序列画面揭示了人类走楼梯、奔跑等习以为常的运动行为在时间序列下展开的细节。而我们在印刷媒介中介绍动态作品时，常用方法是截取一些重要时间节点上的画面，按照在影像中出现的先后次序排列在一起，就像本书中采用的关键序列帧的形式向大家介绍作品，但是此种的方式读取的信息和真正观看影像的感受和体验是完全不同的。在基于时间的影像作品中，时间的含义更多元，通常包括：

- 影片时间：是指影像视频类作品连续播放所需要的时间长度；
- 真实时间：就是影像中事件实际发生的时间长度，如某人从家到学校来上学，从出门，到地铁站乘坐地铁，出地铁进教室门需要1个小时；
- 艺术表现时间：影片中只花了5秒钟的时间表现上述某人从家到学校这一过程，这是艺术表现的相对时间。

"20世纪六七十年代，在后戏剧剧场一类的当代剧场创作中出现了新的时间现象：表演中的重复手法、慢动作、超长时间与拼贴结构间离了观众对戏剧情节时间产生的幻觉，使观众感知与体验到时间的存在与变化，从而使时间转变为一种审美体验的对象。""戏剧演出的目的就是在虚构的空间中创造虚构的时间，时间中的因果逻辑关系是表征世界的一种方式，舞台时间通过布景、情节、人物行动、台词等体现出来，戏剧的时间统领于一个绝对的范围内，处在一个高于观众时间的虚构文本中。"[3]

而时间维度是动态媒体设计区别于静态平面设计的最重要因素。以展览或会议海报设计为例，海报中通常包括主视觉图形图像、展览（会议）标题、展览（会议）日期、参展人（参会人）等信息。当观看传统的印刷海报时，同一时间所有信息同时呈现在我们眼前，但观看者对于信息的阅读会根据个人的喜好、阅历、受教育程度、专业领域等不同进行自主选择。譬如：有些人对色彩敏感，会先被色彩鲜艳的元素所吸引，然后再阅读相应信息；而有些人则首先看到是和自己专业领域相关的信息，如主题、演讲人等，然后再阅读其他信息。当然，有经验的设计师会通过设计引导观者，在设计时有意识地将信息分层级，比如首要目的是吸引观众注意力，其次是呈现标题信息和其他信息等。但无论如何，观众在观看方式上仍有充分的自由度。

但如果把同样的静态海报设计成动态海报，在这时设计师需要在时间轴上依次呈现信息，信息出现的先后顺序和出现的方式就成为设计师需要设计的重点。动态海报可将信息逐一呈现，往往并不会在同一时刻同时出现所有信息的。而对于信息的接收者来说，需在一定时间内看完整个影像才能获得所有信息，且更容易跟随设计师预设的方式来接收信息。因此，这两种媒介下信息的呈现和传达，以及观看者的感受和体验也是不同的。虽然动态媒体设计可以以更大的信息量、更生动的形式制造和发布信息，但同时也给设计师带来新的挑战。

时序编排的基本方法

与大部分的叙事小说和电影的不同之处在于，绝大部分的动态媒体设计其目标是进行信息的传达，因此在时间线上对文字、图形、图像、声音等的处理更多是以设计的模式与技法编排，这一点上和音乐中的编曲、舞蹈中的编舞、电影中的场景调度与后期剪辑、平面设计中的版式编排等有共通之处。编排的过程，就像魔术师手中不断重洗的扑克牌，但被指定的那一张牌却万变不离其宗。动态媒体设计则是在屏幕中上演的魔术，并且对时间的处理更倾向于没有叙事的排序，或者称为"非叙事性"，即大多依赖时间而不是故事情节来支配下一运动或变化。

如果脱离商业目的，纯粹从创意的角度来说，很多动态媒体设计作品也是"实验影像"[4]。

实验影像通常是一种在电影、视频、动画等影像创作中运用实验性观念、技术和手段的艺术形式。它主要通过对影像拍摄或生成方法、技术的革新，以及影像和声音、光影等元素进行自由组合、重组和实验，来探索和展现影像的潜在美学和表现力，追求形式和内容上的创新。与传统的商业影视作品相比，实验影像更加注重影像语言和影像媒介的探索

4
实验影像被视为一种前卫的艺术形式，其起源可以追溯到20世纪20年代的欧洲先锋艺术运动，如德国的表现主义电影、法国的超现实主义电影等。随着数字技术的进步和影像媒介的多样化，实验影像在当代艺术中得到了越来越广泛的应用和认可。

和创新，不拘泥于传统叙事结构和视觉效果的范式。在这个意义上，具有创意的动态媒体设计作品通常具有较高的抽象性、实验性和个性化特征，探索影像类艺术的极限，并挑战观众的感官和认知。

动态媒体设计除了吸收影像艺术中的剪辑方式，还借助新的成像技术以及后期软件的成果，形成一些特有的时序编排语言，实现对时间的特殊处理，如快放、慢放、回放、静帧（时间凝固）、时间延长、压缩等，从而产生强烈的视觉、心理的变化，达到迅速吸引注意力、传达信息的效果。其中比较常用的包括：高速摄影（high-speed photography）、延时摄影（time-lapse photography）、时间重置（time remapping）等：

- 高速摄影：如"运动观测"一章中所述，动态媒体设计的关键要素之一是对运动规律的体现和运用。动态影像作品中经常会运用高速摄影技术展现很多人眼捕捉不到的具有超写实细节、强烈动感和视觉冲击力的画面，如液体撞击物体时的涟漪、肢体服饰运动时的瞬间等。相比迈布里奇时代，以及影像作品每秒24帧的帧率，当今的高速摄影帧率可达到每秒几千甚至上百万帧。当高速摄影的原始素材按照24帧每秒的速度播放时，则呈现了时间被延长了的慢镜头的艺术效果。

- 延时摄影：又叫缩时摄影、间隔摄影或旷时摄影，经常会运用在记录和呈现变化相对缓慢的自然现象，如云与天空的变化、植物生长及花卉开花、建筑物的建造过程、城市中的人们。具体运用时会根据拍摄对象设定一个拍摄频率，如每分钟一张，然后以每秒30帧的速率播放。那么，拍摄了10个小时的素材，最终以20秒的时长呈现出来时，观众会感觉到时间被压缩之后的流逝感。

- 时间重置：如果说高速摄影和延时摄影是特指主要通过特殊设备实现对原始素材的拍摄频率和播放速度的控制而达到时间延长和压缩效果的话，那么时间重置则是指依托计算机软件技术在影像编辑过程中对所有素材（包括图像、影像、文字、图形、声音等）在时间轴上以更自由的方式重新排序或调整的方法和技术。通过时间重置，可以重新排序或调整图像或影像的播放速度（匀速或加速或指数关系）、方向（正放或倒放）、持续时间（静止、延长或压缩）

和运动轨迹，从而达到更加独特的视觉效果和节奏感。

此外，在影像作品中，当为了呈现同一时间发生的多个事件或同一事件的不同角度时，会采用分屏、多屏或屏中屏的并置方法。分屏通常是指在一个屏幕上将屏幕分成多个区域。常用的分屏手法有：

- 垂直分屏：将画面垂直分为两个或多个部分；
- 水平分屏：将画面水平分为两个或多个部分；
- 对称分屏：将画面分成对称的两部分；
- 不规则分屏：将画面划分为不同形状或大小的区域。

这些分屏手法可以根据影像作品的需求和艺术效果进行不同的组合和创新，如：表现场景、情节或人物对比时，通常采用对称的垂直或水平二分法；而当表现同一事件的多个维度时，则采用不规则分屏法。另外，画面中素材或镜头的运动方向等也会影响到采用垂直或水平划分的选择。

而随着屏幕价格和相关软硬件技术的成熟，越来越多的分屏不仅仅局限在一个屏幕，而是可以采用多个屏幕，或者也可称之为跨屏分屏的方式，即不同区域的画面组合被多个屏幕的组合代替。特别是在当前的大量多媒体化的展览展示中，为了同时呈现更多信息，以及增加互动体验感等，双屏或多屏的动态媒体设计被广泛地使用。

屏中屏则通常用于显示主画面中需要放大的计算机或手机中的实时互动对话框，这一形式在当今电子屏幕已经成为重要交流、互动工具时显得尤其普遍。而如何设计两个画面的关系，则取决于完成更好的叙事和信息传达的效果的要求。

本章小结

对时间序列的编排是动态媒体设计既基础又关键的环节，编排的方式需要根据不同的需求和目的选择不同的处理方式。而在不同时代，根据不同科学技术成果，创作者总是持续不断地探索和实验新的时序编排方式，为动态媒体设计的创意和表现提供了更多的可能性。时序编排使得动态媒体设计成为一种有魔力的视觉游戏，将时间碎片拼成了完整的图像、影像、互动作品。而时空无论从相对论还是从动态媒体设计的视角，都是混为一体、难以分割的。但从研究和学习的角度，我们稍作区分，下一章的场域转换更多从空间的角度探讨时空。

延伸阅读

▪ 伊塔洛·卡尔维诺，《美国讲稿》，2012。

《美国讲稿》又译为《未来千年文学备忘录》，系卡尔维诺准备用于美国哈佛大学诺顿诗论讲座的讲稿，撰写于1985年，惜因作家的猝然逝世而未全部完成。完成的六篇分别为：轻逸、速度、精确、形象鲜明、内容多样、开头与结尾。在讲稿中，卡尔维诺对自己近四十年来小说创作实践进行系统的回顾和理论上的总结、阐发。作者广征博引，结合自古至今从意大利到欧美各国许多文学大师的创作实例，从理论与实践的结合上，对文学创作的本质特征，对小说的构思，对艺术形象的作用及其与想象、幻想的关系，对文艺理论批评的现状等一系列问题，做了详尽、周密的论述。

▪ 罗伯特·麦基，《故事: 材质、结构、风格和银幕剧作的原理》，2014。

作者是著名的剧作家、编剧，长期从事写作培训。本书阐述了故事创作的核心原理，不仅对影视编剧，也对小说创作、广告策划、文案撰写具有指导作用。

▪ Chris Meyer, Trish Meyer，《深度解析After Effects》，2014。

本书是After Effects的经典之作。作者是位于洛杉机的动态图形设计工作室CyberMotion的负责人。该工作室网站是最早的After Effects网站之一，并且持续与Adobe合作至今。书中既包含基础原理讲解，又有深入的运动图像创作与设计实例展示，并指导读者如何在制作流程中整合其他应用工具。推荐在完成本章节"时间重置"课题时先熟练掌握其第二十七章"操纵帧速率"的内容。

课程作业

时间重置

(1) 课题目标

时间重置是基于时间的动态媒体设计的初步尝试，本课题旨在通过练习时序编排的不同基本方式，掌握时序编排的动态语言，体验其所带来的视觉效果和心理体验等。

(2) 课题要求

要求自己拍摄一段运动影像或者连续图像素材，通过改变时间长短、节奏或者图像的排列次序等时间重置的方式形成新的视觉效果。

(3) 成果要求

最终成果为一段30秒左右的动态影像，并需要为影像命名并设计片头和片尾。

(4) 课题说明

画面可以采用分屏处理，也可以是在一个画面上。声音可以考虑和视觉素材采用同样的编排方式，也可以单独处理。

作品案例

影片以主人公于上海的市井之间行走为线索，串联起上海的街头与里弄。通过拍摄时主人公倒行、后期倒放的手法，展现了一幅只有主人公正常行走，其他市民都在倒行的奇怪场面，有效传达了一种孤独与忧郁的氛围和情绪。

市·井
影像，2018
张益翔

作品用30秒的时间呈现了同一间房间内整个星期的活动，以此呈现普通人的日常生活状态——日出而作，日落而息。每天看起来都是类似的、重复的、规律的甚至是无聊的，但是在规律之下，每天却因为一些小细节而不同于以往，每一天都是特别的。一元复始，万象更新。画面和声音都用阶梯式叠加的处理方式，呈现了不断重复的同时又没有任何一秒和之前相同的效果。

Room Noises
影像，2010
窦颖秋

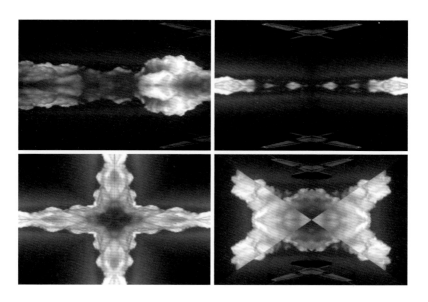

Kaleidoscope

影像，2009

陈逸云

作者在乘坐飞机时拍摄了窗外云朵与天空的动态影像，通过后期软件将原始视频进行叠化、镜像、并置等处理，并且根据音乐节拍和旋律对视频运行的时间速度进行了缩放，形成具有弹性的时间质感。

十字路口

影像，2010

钱卓韵

影像在同一场景采用固定机位的延时摄影方法，呈现了都市繁忙的十字路口从早到晚仿佛瞬间而过的景象。

影片采用了正放、倒放、加速、慢放、时间重置等手法，展示了影像艺术的魔力。先是圆规在纸上轻轻画出一个圆，随后圆规继续转动，进一步描绘着这个圆，摩天轮的影像交替出现。作品中画面和声音同时给人的暗示和联想，仿佛是圆规的轻重快慢、顺时针逆时针转动在控制着摩天轮的速度、方向。蒙太奇理论在此得到了应用和验证。

圆规和摩天轮
影像，2007
洪啸

作者拍摄了一段蜡烛从点燃到熄灭的完整过程的影像。屏幕被纵向分成9格，重复放置同样的这段影像。每只蜡烛通过正放倒放的不同顺序，鼠标滑过时会点亮和熄灭蜡烛，如同按动键盘音阶般奏响了烛之舞之曲。

烛之舞
互动影像，2010
李姗姗

09   场域转换：运镜、过渡和转切

"场域"（field）是在设计领域抑或当代艺术中常被提及的术语，不仅表示物理空间区域的界定，还可衍生为事物之间无形的关联。在影视和舞台设计中通过场景设计来架构整体空间模式，通过影视剪辑手法或舞台布景装置切换而形成转场。在本书中"场域"所指的是动态媒体中不同元素构成的有机集合，经过合理设计之后，不同集合之间可实现丰富的转换与衔接。动态设计让原本无关联的内容形成顺滑的过渡，不仅能创造独特而超越真实的形式美感，在叙事手法上也具有至关重要的价值。

本章节探讨的场域转换是建立在前几章基础之上的综合设计方法，重点是对动态影像中元素的合成能力以及镜头视角的灵活应用。随着现代影像显示技术的发展，沉浸式体验、虚拟现实与增强现实体验等新颖的观看方式层出不穷。但对观赏者所见的视觉场域与视角的界定及其在动态模式下的起承转合等基础问题的探究，并不会随着技术更迭而发生本质变化。

视角变化与神游

动态影像本质上是在平面的介质上产生的带有纵深感的光影幻觉，用摄影机镜头取代人眼以呈现景物的视角变化，而在电脑动画中会以虚拟镜头来代替真实的摄影机。通常人们在观赏影像时会将自身视角映射到虚拟世界，用思维跟随镜头漫游。此类"神游"体验时，观众并不会将自己身体所处物理世界的感受与思维意识所处空间感受相提并论，而绝大多数以第一人称视角行进的游戏体验也是依据此类逻辑。而虚拟现实和增强现实的头显设备的体验模式则相对复杂，因为头显设备的视觉内容会根据观赏者的身体和头部位置以及眼部视角变化产生相应的空间匹

配，有时也会在头显中产生与真实空间不同步的虚拟的镜头运动。总而言之，影像世界中的神游体验或多或少都需要观者融入自身的空间想象力，并愿意跟随镜头产生精神的游历。心理学研究表明，人的视觉除了感知运动外，还会自动地指令某一物件作为整个视域的框架。在对位移的知觉中，框架总是倾向于静止，而从属于这个框架的物体则总是倾向于运动。[1]

电影诞生之初的拍摄都是固定摄影机机位，直到卢米埃尔兄弟在1896年春天偶然在威尼斯乘船过程中发现了移动摄影的诗意时，移动摄影才真正成为摄影师的工具。他们发现，移动摄影的效果并不是摄影机在运动，而是摄影机"使不动的形象产生运动"[2]。之后经过对镜头本身焦距属性和位置角度的综合把控的探索，逐渐在传统影视制作中形成了推、拉、摇、移等运镜方式。

随着实验电影和抽象艺术的发展，前数字时代的影像先驱们开始探讨动态影像具有的超越真实的意义。那些由浮光掠影组成的带有抽象意义的虚幻场域，总能让人产生更多的精神投射。在电脑诞生之前，人们为了创造多元的镜头感受，在影像拍摄方式上会有非常大胆的技术创新。汉斯·里希特（Hans Richter, 1843—1916）[3]、奥斯卡·费钦格（Oskar Fischinger, 1900—1967）[4]、诺曼·麦克拉伦等实验者以各自新奇的方式对抽象图形图像与其所在的空间视角变幻做出了早期的尝试。斯坦利·库布里克（Stanley Kubrick, 1928—1999）在《2001太空漫游》（2001: A Space Odyssey, 1968）中为了表现星际穿越的镜头效果，采用了"狭缝扫描"（Slit Scan Photography）的技术进行拍摄。狭缝扫描摄影技术通过拍摄一系列狭长的画面之后再将长条视觉依次排列成一张完整画面，在这张画面中记录了时间的变化过程。

面对虚拟场域的营造手法，数字技术带来了两类截然相反的价值取向：一类是对真实世界极尽所能地仿真模拟，把以假乱真的写实主义作为渲染技术的终极目标；另一类则是创造超越真实的感知体验，这种方法能彻底颠覆真实摄影技术的局限，从中拓展感官体验维度并创造新的美学标准。科学有两个障碍阻碍其进步，首先是我们的感官发现真理的能力

1

鲁道夫·阿恩海姆，《艺术与视知觉》，2019：399。

2

乔治·萨杜尔，《世界电影史》，1982：22。

3

汉斯·里希特，德国达达主义画家、图形艺术家、前卫电影制片人和艺术史学家。他于1965年撰写了《达达主义》一书。

4

奥斯卡·费钦格，德裔美国人、动画师、电影制片人、画家。其最瞩目的是在电脑图形和音乐录影出现的几十年前就创造了抽象音乐动画。他被誉为最早科幻电影创始人之一的弗里茨·朗于1929年拍摄的《月里嫦娥》创作特效。

5

Erin Manning, *Relationscapes: Movement, Art, Philosophy*, 2009: 83.

6

蒙太奇理论原为建筑学的外来术语的音译，意为构成、装配，现多指一种电影剪辑技术，是电影创作的主要叙述手段和表现手段之一。蒙太奇异于长镜头电影表达方法，蒙太奇组合一系列不同地点、不同距离、不同角度、不同方法拍摄多个短镜头，编辑成一部有情节的电影。凭借蒙太奇的作用，电影享有了时空上的极大自由，甚至可以构成与实际生活中的时间空间并不一致的电影时间和电影空间。蒙太奇可以产生演员动作和摄影机动作之外的"第三种动作"，从而影响影片的节奏和叙事方式。蒙太奇除了在电影中，还被广为运用在视觉艺术等衍生领域。

有缺陷，其次是语言表达和传递我们已获得真理的不足。科学方法的目的即是消除这些障碍。[5]因此，人们对场域视角变化的研究总是伴随着对虚拟纵深空间的探究，而镜头视角的漫游能很大程度强化视觉空间的纵深感。

随着投影技术和LED屏显技术的普及，与建筑表皮、大型空间环境相结合的沉浸式影像体验方兴未艾。与虚拟现实头显体验相比，真实空间介质上覆盖的影像能让观者更自由地移动身体位置，以改变观看视点。此类观赏过程中的具身化体验能将观者身体行为、真实物理空间感知、虚拟空间感知三者相互融合。在相关镜头语言运用上则需要更有章法，因为倘若过度使用镜头运动，则会破坏真实与虚拟空间之间的逻辑关系，而影像的虚拟空间透视感也会随着观者视角的改变而显得扁平。传统屏幕的画框与镜头视角是对观看场域的约束与限制，其优势是能将无须被观看的内容剔除在外，而虚拟现实头显和全景影像则将视角的选择权交给了观众自己，但有时过于全面和一览无余的视觉体验会缺失镜头语言带来的设计质感。别具匠心的优秀设计往往能恰如其分地引导观众在富有想象力的精神世界畅游，并有效平衡真实与虚拟之间的配比。

在商业动态影像制作中，动感的镜头设计经常成为支撑作品视效的关键因素。有时商业作品为节省制作成本，会大量运用夸张的镜头穿梭，这一方式简单有效、屡试不爽。但对镜头漫游效果的夸张化与套路化运用也可能会降低内容品质，比如自从电影《黑客帝国》（*Matrix*，1999）中创造了"子弹时间"这种超现实的运镜与时间的弹性处理之后，类似效果在很多年都遭到了滥用。合理的设计方法，节制而必要的运镜，均需要结合叙事，强化整体场域的运动，弱化背景板式的僵化处理。

起承转合的艺术

在动态媒体设计中，场域与场域之间的衔接过渡包含丰富的起承转合关系，从电影领域的蒙太奇（Montage）[6]手法到电脑动画的镜头组织模式，再到数字生成设计中的特殊演算方式，其中富含技术与艺术设计的巧妙匠心。

7

D.W.格里菲斯，美国电影导演，代表作是备受争议的《一个国家的诞生》以及随后的《忍无可忍》，两部影片曾分别入选1952年英国《视与听》杂志评出的十部世界电影杰作，1958年布鲁塞尔国际博览会评选的"世界电影十二佳片"。

早期电影只是将拍摄到的自然景物、舞台表演原封不动地放映到银幕上。从美国导演D.W.格里菲斯（David Wark. Griffith，1875—1948）[7]开始，采用了分镜头拍摄的方法，然后再把这些镜头组接起来，因而产生了剪辑艺术。对以叙事为主的电影类影像艺术来说，剪辑（editing）及其理论、技术等可以影响影像的节奏、叙事、氛围等方面，不同的剪辑可以带来不同的视觉和情感效果。影像类作品中的剪辑方式有：

- 传统剪辑：指按照时间和空间的线性逻辑进行编排。通过排序、切割、删除、插入等操作，将素材组织成一个连贯的、有意义的整体。剪辑时需要着重考虑镜头、场景等素材之间的连贯性、逻辑性、前后关系等。
- 创造性剪辑：指不完全按照时间和空间的先后顺序排列素材，而是通过跳跃式的叙事方式来呈现。通常通过重复、联想、对比等方式，创造出一种独特的影像节奏效果和心理感受。蒙太奇理论即是基于联想和视觉心理的创造性剪辑的总结，使得电影——连续运动的图片（moving pictures），不再是现实场景的记录，而是进入了生命的幻象和艺术的再现之地。创造性剪辑方式可以增加影像的复杂性、戏剧性、表现性、趣味性。

在舞台布景设计中，在观众自身视角相对固定的前提下，布景装置需要通过旋转、升降、拆分等物理手法实现，有的演出会通过起降幕布或压暗灯光来遮挡掩盖转场过程，有的则是在演出进行中在观众眼前完成顺畅的场景转换。而影视作品则可以通过摄像机运动以及剪辑等电影特有的方式进行处理，常用的方法有：通过调度和表演，先利用构图和灯光设计揭示画面空间，再落在出场角色上；角色焦点转移及遮挡叙事；长镜头的强势介入；利用第二空间、封闭空间等引出人物；等等。即使如今大部分视频制作都以数字化技术实现，但那些舞台布景、动态物理装置以及模拟信号时代的影视转场技法在原理上都是数字化技法模仿借鉴的对象。

场域转换的基本方法除了运镜、剪辑，从转换的运动效能来说，可将转换过程的持续时长作为衡量标准：当转接是在一瞬间完成，转换过程带

8

Lev. Manovich, *After Effects, or Velvet Revolution*，Artifact 1, 2007:67–75。

有跳跃性，俗称"硬切"；当转接过程是持续一段时间并且画面是连贯过渡，则称为渐变转场。从转换中的视觉内容来说，需要有条理地设定前后的视觉逻辑关系：硬切式转场的前后两个画面在运动趋势、运动方向、构图位置等方面可进行适当关联，渐变式转场可通过镜头的运动、主物体或主场景自身的形态变幻等方式实现。另一种常用的方式是通过镜头中某前景物体遮挡画面来瞬间改变场景内容。场域转换过程是渐变还是突变、转换的过程是否需要遮挡、转换的速度快慢以及速度缓冲的设定，这些都是起承转合的设计内容所在。

数字化处理手法在传统技术之上也衍生出了不少全新的表达方式，比如关于多种内容的混合与杂糅便是受软件时代特有"合成"（compositing）理念的驱动。影视后期设计中的"合成"的理念，是指将包括图片、文本、序列帧、影片片段、声音、后期特效等所有视听媒介的组成部分综合到视频画框和时间轴之中，并使其成为一个有机整体的制作手段。诸如After Effects软件诞生之初的使命就是影像合成，该软件虽具有剪辑功能，但其核心逻辑区别于传统意义上的非线性编辑。列夫·马诺维奇[8]认为After Effects软件对行业具有革命性的影响，因为它的影音合成理念把先前诸如摄影、平面设计、角色动画、字体设计、声音设计等相互独立的行业进行了整合，以整合的设计方法形成了混合杂糅的动态视觉语言。而在此种语境下，以纯粹手法产生的非杂糅媒介反而成为特例。

本章小结

动态影像的场域转换并没有统一标准，学会一定规律之后即可灵活运用。在上述影像合成的视角下，场域转换是对于综合系统的设计手法，其中可能会融合所有针对动态媒介的基本处理手段。

延伸阅读

▪ 洛朗·朱利耶,《合成的影像——从技术到美学》,2008。

本书首先从计算机视角解释什么是合成的影像,以及合成影像的实质、作用、发展和前景,之后重点阐述合成影像对美学和认识论的挑战。作者认为合成的影像是继透视法之后的一场革命,堪与文艺复兴的那场革命相媲美。

▪ Ron Brinkmann,《数字合成的科学与艺术——Visual EAffects, Animation & Motin Graphics》(第2版),2011。

书中涵盖基本图像处理及利用数字视觉信息生成栩栩如生的合成图像等广泛主题,讲解了数字合成艺术和技术的相关知识,并配有包含实际案例的光盘,带领读者进一步领略电影合成艺术的魅力。

▪ C.M.爱森斯坦,《蒙太奇论》,1999。

爱森斯坦(Sergei M.Eisenstein,1898—1948)作为苏联蒙太奇学派的代表人物之一,所创作的《战舰波将金号》《十月》等堪称经典的电影杰作。作为电影理论大师,爱森斯坦力求探索艺术作品对观众产生最有效影响的途径,创建了电影蒙太奇理论。在他看来,蒙太奇的意义不仅仅归结为选择,有节奏的组织和联想,也不仅仅归结为情节元素的衔接。爱森斯坦的蒙太奇理论主张两个镜头的并列以及它们的内在冲突会产生第三因素对所叙述事物的评价和观点。

▪ 史蒂文·卡茨,《电影镜头设计:从构思到银幕》,2019。

本书图文并茂地阐述了将故事构思转化为影像的完整流程,内容包括美术设计、故事板制作、镜头的时空要素、镜头调度、画面构图、视点、转场、叙事策略等。

课程作业

<hr>

叙事场域

(1) 课题目标

采用综合的动态影像设计手段，首先以故事板设计作为叙事的基本方式，在屏幕的世界中创造出由不同场景组成的情境内容，然后再设计出这些场景之间通过镜头语言、剪辑手法而形成的衔接过渡，设计出带有灵动场域转换的动态媒体作品。

(2) 课题要求

以动态媒体设计综合叙事为训练目的，作品产出可包含动态图形图像设计、角色动画设计、生成式动画设计等不同形式，也可以在同一段作品中同时包含上述不同的创作手法。作品创作采用的软件技术手段包含且不限于视频实拍、停格动画拍摄、三维角色动画、关键帧动画、算法动画等。

(3) 成果要求

制作完成一段30秒~1分钟的影像作品，其中包含完整的叙事以及一次或多次转场内容。

(4) 课题说明

本课题的设计手段综合了本书之前章节中的各种技法，是针对动态影像设计的综合训练，应在完成和熟悉前几章节的专项练习之后再进行本课题的创作实践。

作品案例

作者运用停格动画的拍摄方式，在校园里逐帧拍摄同组同学的身体动作，并且在拍摄的过程中沿着校园空间移动切换拍摄机位与视角，最终将拍摄的图片通过后期进行串接，产生顺畅的空间场域的过渡衔接，营造出日常视频拍摄无法实现的超现实效果。作品的片头片名和片尾字幕设计运用了影像主体部分同样的创作手法，使得整部片子具有较高的完整性。

Alice

影像，2008

李维伊、陈烨、周琰

Infinity

影像，2016

吴迪

通过将上海黄浦江一带拍摄的城市远景和电脑动画生成的江水场景进行合成，使其形成一幅延绵不断的长卷镜像。在后期合成中通过设计摄像机的平行缓慢运动实现空间场域在超现实视觉体验基调中的顺畅转接。

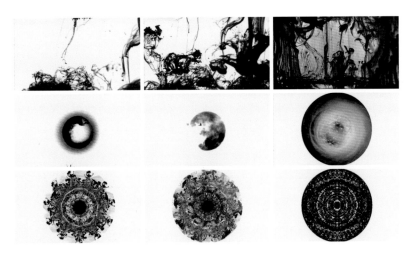

Natural

影像，2015

韦知薇、张欣怡

作者首先拍摄墨汁在水中流淌的微距影像，之后通过后期合成将这些素材并置形成带有纵深感的立体场景，随后通过在后期软件中设置虚拟摄像机镜头，并让镜头穿梭其中形成转场。（上海音乐学院合作课题，音乐制作：陈亦；音乐指导老师：陈强斌、纪冬泳）

作为一个非角色叙事的记录性短片，作者将镜头聚焦上海城区各种竖线几何形，并采用相同的中央构图，将其拼接剪辑，形成一个"上海经线"的概念。作者希望在这样一个主题明确的记录性影片当中，通过几何意义传递出上海城市发展过程中对秩序和数量以及城市发展与人的关系的思考，给予观众一个开放性想象的空间。

上海经线
Shanghai Longitude
影像，2017
张一格

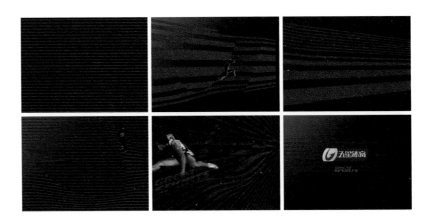

五星体育

电视频道LOGO演绎

影像，2007

沈思渊

从均匀排布的直线所构成的简单画面开始，通过虚拟摄像机视角切换的律动感，不仅从视觉上呈现了直线构成的三维空间所塑造的品牌LOGO字母G，并且很好传达了体育的运动感。（上海幻维合作课题）

五星体育

电视频道LOGO演绎

影像，2007

邓岱琪

作品以跑酷运动来传达品牌勇于探索的运动精神。影像采用图形和图像拼贴的形式，从地图开始，再转向城市中的不同空间。跑酷的路线则用图形的方式不断快速延伸，最终的目标即影像结尾处出现的电视频道LOGO。（上海幻维合作课题）

影像内容参考了《礼记》，以动态图形和声音旁白的方式，重新解读传统餐饮礼仪在当代日常生活场景下的意义。影片以圆形这一视觉主元素和动态转场的要素贯穿全片。

宴饮有礼

影像，2008

钱卓韵

影片将《夸父追日》《龟兔赛跑》《叶公好龙》《三个小和尚》《田忌赛马》《武松打虎》等共十个经典故事，通过剪辑和字幕的方式贯穿起来，叙述了人类对更快、更远、更好等目标的追求。视觉设计上通过颜色和符号，标注并隐喻了被追逐和追求的对象，形成了叙事的连续性。

夸父逐日

影像，2015

曹彦斌

第三部分

媒介整合与实验探索

10　机械之眼：观看与沉浸

11　动态装置：回归与实验

10 　 机械之眼：观看与沉浸

1
约翰·伯格，《观看之道》，
2007：4。

2
路德维希·维特根斯坦，《维
特根斯坦笔记》，2008：4。

3
马歇尔·麦克卢汉，《理解媒
介——论人的延伸》，2000。

4
邱志杰，《摄影之后的摄
影》，2005。

动态媒体设计是关于视觉、听觉、触觉等多种媒介和运动及变化相关的设计领域，但其中视觉媒介依然占据着重要的地位。视觉被认为是人类和绝大部分动物最重要的感觉，80%以上的外界信息经视觉获得。光作用于视觉器官，使其感受细胞兴奋，信息经视觉神经系统加工后便产生视觉。人和动物通过视觉，感知外界物体的大小、明暗、颜色、动静，获得对机体生存具有重要意义的各种信息。

人眼和机械眼并存的观看之道

对于人类来说，观看是绝大多数人习以为常的自觉行为。著名艺术评论家约翰·伯格（John Berger，1926—2017）在其《观看之道》（Ways of Seeing，1972）一书中写道："观看先于语言。儿童先观看，后辨认，再说话"，并且"我们观看事物的方式，受知识与信仰的影响。"[1] 而哲学家路德维希·维特根斯坦（Ludwig Wittgenstein，1889—1951）则进一步提出了观看和社会、经济的关系，"人类的凝视具有一种力量，它赋予事物以价值，但也提高它们的价格"[2]。

然而，人眼作为视觉器官有其自身特点和局限性。人眼可视角度通常是120度，不仅视角，观看的方向、高度也存在局限。因此，人类不断研究其他生物（如鱼类、苍蝇等）的视觉器官，并模拟、发明、制造各种人工的机械之眼作为人类视觉的延伸，追求看得更多、更远、更广。[3]望远镜、显微镜、x光成像、红外照相、微观摄像机、高速摄影机等"机械之眼"，使人类看到了肉眼无法观察到的世界。其中，照相机、摄像机的发明使得人类很容易地捕捉并呈现千里之外的世界，也正是因为照相机的发明促进了考古学的发展，并且使得不在场成为可能[4]。而当今计算机图像生成和处理技术的发展更是为人类带来了"只有想不到，没有做不到"的视觉体验和艺术表达的新的可能性[5]。

而在技术推进下呈几何级数增长的机械眼，已经一定程度改变或异化了原有的观看体验。进入信息时代后，具有高度整合性的数据观察方式和去感官化的概念思维方式，很大程度上也使得我们现代人变得"抽象"了，即数据的可视化呈现已经使得抽象图示包裹了我们的日常生活。

机械之眼虽然在一定程度上可以弥补人眼的局限性，但也可能带来一些不良的后果。例如，机械之眼可以追踪和记录个人的行踪和行为，可能会侵犯隐私权和个人信息安全。此外，机械之眼技术的应用也可能对个人的心理健康、人类社会的群体关系、人类和自然的关系等产生影响，比如过度依赖机械眼所呈现的视觉幻象，而导致社交隔离和孤独感等。因此，在使用机械之眼技术的同时，我们也应该注意技术的合理应用和管理，避免不必要的负面影响。

不仅如此，机械眼与人眼呈现了一种合、离关系。当我们发明制造机械之眼的同时，机械之眼捕捉和呈现的图像，造就了新的人造景观，同时又和自然景观交融，成为一种被再观看和再生产的物质资料。这一看与被看的关系正如卞之琳的诗歌《断章》（1935）中所描述的，"你站在桥上看风景，看风景的人在楼上看你。明月装饰了你的窗子，你装饰了别人的梦"。

虚拟和增强现实的沉浸感

数字时代，新媒介的层出不穷推动了设计思维方式的革新。视觉符号形式由平面为主扩大到三维和沉浸式体验形式，传达方式从单向信息传达向交互式信息传达发展。在这一背景下，动态媒体设计需要兼顾多种形态的媒介特点，既要满足传统屏幕媒介的展示需求，也需要满足新媒介展示和沉浸式体验的能力。网络媒体的出现和迅速发展，更是改变了动态媒体设计作品长期以来以独立和封闭式观赏模式为主导的传播方式，

5
吴洁，《数字人类的起源：1964—2001》，2016。

为其提供了一个更强大的信息传播平台和交流社群，使得动态媒体设计中对空间、时间方面的限制被突破，不但可以表现静态的二维和三维形态，还可以表现集空间、时间于一体的多维形态。近些年的众多新媒介中，尤其以虚拟现实技术这一"机械之眼"的发展为代表，已经成为设计中极为重要的创作工具与交互媒介，介入从构想、创作、开发到作品呈现、发布与销售等各环节。并且虚拟现实技术及其所带来的沉浸体验，对本书所讨论的动态媒体设计的基本原理和方法提出了新的挑战。

广义上的虚拟现实技术是由虚拟现实（Virtual Reality，VR）、增强现实（Augmented Reality，AR）等类型组成。狭义的虚拟现实VR技术是指通过头戴式显示器综合多重传感等设备用于创建和体验虚拟世界的计算机仿真系统，它利用计算机生成模拟视听环境，能使用户沉浸到该环境中。狭义的增强现实AR技术是指通过显示设备在真实世界的基础上实时叠加3D虚拟图像，以制造现实空间情境融合数字化内容载体的体验。VR通过屏蔽现实世界让使用者进入虚拟世界，AR是在现实世界的基础上制造虚拟幻象。

基于计算机技术的虚拟现实系统的原型早在20世纪60年代中就已经提出，但直到2015年前后，才真正快速崛起。一方面，硬件产品如虚拟现实头盔等的性能迅速升级，综合体验大幅度改善；另一方面，软件内容数量呈几何级上升，虚拟现实从研究所实验室的专业级逐渐步入消费级，走入大众生活。

但目前在世界范围内AR/VR领域尚存在明显短板，包括：

- 存在视觉疲劳和眩晕感。虚拟现实影像利用双眼的视觉差以及视角体位移动时实时改变画面内容来形成沉浸式幻觉，用户对呈现的系列图像根据自己的经验进行组合，并进行相应的理解，使之形成具有逻辑性的空间和事件。在这中间，人类的视觉感知系统会主动注意到图像与图像之间的变化。然而，人们对于该技术的体验感受有待进行深入考量，诸如如何避免视觉疲劳和晕眩感，以及如何利用审美主体的视知觉心理机制产生心理图景，以更好地体察体验者心中之"境"，这些都是急需解答的问题。

▪ 触觉缺失。纯粹的视觉媒介的观念是不合逻辑的，"所谓的'视觉媒介'都是混合的或杂交的构型，把声音和景象、文本和形象结合起来。甚至视力本身也不是完全是视觉的，其操作要求有视觉和触觉的协同作用"[6]。虽然当前的AR/VR技术对临在感的营造强化了体验者对空间尺度的真实感，但体验的逼真度会因为触觉缺失等诸多因素而被破坏。利用现有技术让人们获得完满的沉浸感受依然是非常艰难的事。

▪ 优质内容稀缺。主要原因是由于虚拟现实的体验方式和交互方式与传统媒介有很大区别，颠覆了许多固有创作手段。虚拟现实影像与传统影像相比，叙事方式从观众的被动接收转为主观探索，单线程情节转为多线叙事，观众自由视线的选择会带来全新艺术表现力。从设计学角度而言，传统观念中的画幅、构图、视角、镜头语言、透视等重要因素在虚拟现实体验中几乎都不再适用，而虚拟现实中至关重要的三维视觉差和多元交互等成分在传统创作观念中又鲜有涉及。同样，在前面第二部分中论述的关于动态媒体设计的音画设计基础原理也面临着新的挑战。

尽管如此，我们仍然有理由相信，随着新兴媒介的发展，设计行业正处在新与旧的分水岭。

统一性、逻辑性、时空感是指导现代主义设计的基本法则，但后现代主义的叙事则呈现出非连续性的碎片化特征。在后现代思潮的影响下，艺术作品中的叙事时间线索被打散，作品发生和持续的时间概念随之模糊化。

对于"知觉"的概念，心理学家强调神经生理和心理方面的含义，人类学家把"知觉"视为一种与情感反应、价值观念和文化传承等有关的文化体验，而现象学家认为"知觉"是人认识事物的起点，是出于直觉的体验。鲁道夫·阿恩海姆在其《艺术与视知觉》等著作中认为：以往的观念总是把视觉等获取感性材料的活动看成是较低级的，而只有那些创造概念、积累知识、进行推理的活动才被看作是大脑中的高级认识活动，它们的任务就是从感性中抽象出概念，但创造性思维的实质则是超越了

6
W.J.T.米歇尔，《图像何求?形象的生命与爱》，2018：x.

审美和科学的界限，需要在强调差异的地方强调联系。

然而，如何突破这些固有思维定式、如何超越时间和空间上的局限性、如何通过对艺术和生活进行更为隐性而深邃的呈现，这些都成为当前动态媒体设计研究的重要议题。我们要从非线性叙事模式、时间轴的非线性控制、时间节点的预设与调用、事件的触发与编辑等方面对交互系统进行研究，并从基本概念出发，明确新的媒介环境中信息之间的流通和转换方式。

本章小结

研究像VR、AR这样的新兴媒介所特有的美学价值及其对设计创作的意义，寻求打破传统创作思维定式，以全新的角度来探讨新媒介设计中的叙事、体验、交互等本源问题，是动态媒体设计面临的新课题，最终在创作理念和思维方式上也将面临大变革［图10.1］。

当动态媒体逐渐成为设计表达的"刚需"时，我们不妨退一步，以媒体设计师的感知力重新体会和挖掘视听语言中的"大小"与"虚实"。影像不仅能突破和增强感官维度，也能限制和简化感官维度；真实的物象可以看上去很虚幻，虚拟的影像也可以比真实更逼真［图10.2］。

图10.1
在课程中体验和展示AR/VR技术

图10.2:
"沙中世界"课题中微观画面的沉浸式展示效果（2023）

延伸阅读

▪ 约翰·伯格，《观看之道》，2007。

《观看之道》基于作者约翰·伯格于1972年为英国BBC主持并制作的同名电视系列片而写成，被认为是20世纪影响力最大的艺术评论作品之一。全书包括7篇文章，其中4篇图文并茂，其余3篇纯为图像。4篇文字的主题分别为"艺术和政治""女性作为观看的对象""油画自身的矛盾"以及"广告与资本主义白日梦"。作者从艺术作品呈现给观者的视觉感受入手，深入分析了艺术与性别、政治、经济等紧密的联系。

▪ 乔纳森·克拉里，《观察者的技术：论十九世纪的视觉与现代性》，2017。

这是一部有关视觉及其历史构成的著作。虽然书中主要讨论1850年以前的事件和发展，但是对于当前计算机图形学、人工智能技术快速发展，且观察的主题与各种再现模式正彻底被改写的时代，本书极具启发性。作者向我们揭示了在19世纪早期人类同样经历了一场影响深远的视觉革命：从"暗箱"到"立体视镜"，人类眼睛之眼成了"现代之眼"。然而，观察技术的转变并不是单纯在技术层面上的革新，其背后还纠缠着对人类身体的崭新理解、社会关系和权力关系的变迁、商品经济的勃兴以及哲学思考的演变等诸多错综复杂的因素。

▪ 奥列弗·格劳，《虚拟艺术》，2007。

本书最初于2001年以德文面世，2003年被翻译成英文。世纪之交，也是传统图像向计算机虚拟空间的转换之际。本书作者以"幻象"和"沉浸"为线索，从西方图像发展史和艺术史中追溯虚拟现实的历史，将庞贝古城的壁画、巴洛克时期的幻觉艺术、全景画、沉浸式电影和虚拟现实联系在一起，构建了虚拟现实的历史和进化、艺术和技术的理论框架。

▪ 邱志杰，《摄影之后的摄影》，2005。

作者从艺术评论和艺术创作的视角分析了至今仍在整个视觉文化中占据主体地位的摄影的相关历史、观念、手法等。本书有助于理解当代中外艺术和视觉文化中的图像创作的动机、母题。

▪ 列夫·马诺维奇,《新媒体的语言》，2020。

马诺维奇是当今活跃的新媒体艺术家和媒体理论家，作品涉及视觉特效、网络艺术、互动装置等。作者通过本书试图回答：新媒体是什么？不是什么？其法则又是什么？全书考察了数字影像、人机交互界面、软件操作、数据库、超媒体、计算机游戏、动画、远程在场及虚拟世界等新媒体领域，归纳出独属新媒体的维度以及创作范式，同时揭示了新媒体时代的到来如何反过来影响了传统电影语言的演进。

课程作业

全景之道

(1) 课题目标

▪ 全景（panorama）是人类希望突破人眼视角局限所进行的努力和尝试。全景拍摄模式在当今互联移动语境下已经成为手机拍摄功能的默认模式之一。全景不仅仅是一种观看方式，也是一种不同的视角，以及所隐喻的我们认知世界的方式，是关于碎片和整体、间离和连续、沉浸和旁观的视觉体验的思考和尝试。

▪ 课题从介绍全景的历史发展为切入点，研究观看之广度，并且依托和实验当下不同机械及电子设备下成像的可能性，以及这一媒介所特有的视觉语言和体验。成像的设备和媒介包括但不限于：手机、笔记本、计算机显示器、平板电脑、全息、Google眼镜、红蓝立体眼镜、快门控制、自拍杆控制、360度摄像机、无人机等。

(2) 课题要求

全景课题主要包括研究和创作两个部分。

① 研究部分

▪ 首先思考：什么是全景？和全景相对的是什么？

▪ 其次，选择从某一角度，如全景技术、全景画、全景电影、全景商业应用、全景·济等，对全景的发展脉络进行调研并完成调研报告。

② 实践部分
▪ 以"全景"为主题，设计制作一段短片；
▪ 请尝试新的成像工具、技术和方式，并适当考虑影像的最终呈现媒介和方式；
▪ 短片内容和媒介不限，可根据作品创意和自身擅长自行决定，譬如矢量风格、关键帧动画、逐格手绘动画、停格动画、算法生成动画、三维动画、实拍、拼贴合成等；
▪ 声音为原创设计。

(3) 成果要求
▪ 最终成果为一段30秒~90秒的动态影像，需要为影像命名并设计完整的片头、片尾部分；
▪ 以After Effects作为主要剪辑与合成软件。

(4) 课题说明
成像设备可以采用现有设备，但鼓励进行自制或改造加工。呈现媒介可以是屏幕、投影、VR等不限。

动态媒体设计

作品案例

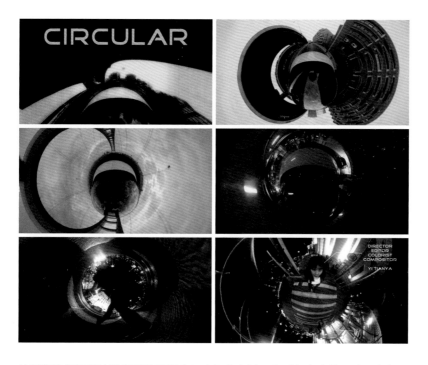

这段影片用不同的设备采集了很多无意识的素材，之后在电脑处理过程中发现了一些意料之外的精彩片段，最后将这些片段跟随音乐节拍剪辑到了一起。影像感觉更像是一个梦，一段记忆的闪回，一个不断前进的过程。 作品名中 "CICULAR" 在英语里是指圆形循环，也可以表达不断行驶的意思；中文 "圆"，不仅仅是因为画面主体存在圆这个意象， 也正是因为用了圆球形的全景摄像头拍摄才完成了影像。

圆 CICULAR

影像，2018

易天雅

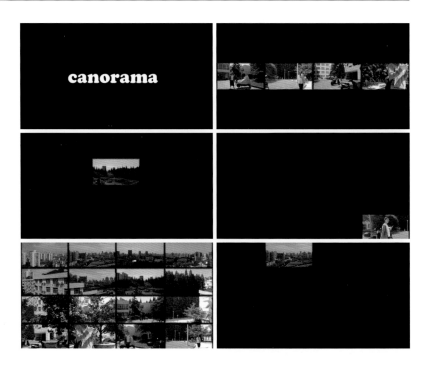

全景卡农

CANORAMA

影像，2017

余宗历

影片使用无人机拍摄而成。灵感来源于1964年的实验动画《卡农》，它通过对同一元素的反复叠加运用，与音乐相结合，变得华丽而富有美感。作者控制无人机在四个不同高度进行旋转，拍摄了不同高度的360度方向的画面，在不同时间轴上进行画面的组合，通过多线程叙事，来呈现不同方位的景象。使用的音乐是卡农版的《两只老虎》，它的核心理念是节奏的"重复与间隔叠加"：各个声部之间存在共性，一个声部的曲调始终追随着另一声部，数个不同高度的声部依一定间隔进入，交叉进行、互相叠加、互相缠绕，营造出一种此起彼伏、连绵不断的听觉效果。视频跟随音乐，遵循节奏的"重复与间隔叠加"，在横向上反复播放无人机在同一水平面上旋转拍摄得到的视频，在四个画面里呈现了水平方向上的全景，纵向上画面跟随不同音高旋律的出现而变化。通过卡农式的叙事结构来呈现一种独特视角的全景，使得同样内容的几段影片在不同时间的重复叠加运动营造出一种奇妙的氛围。

作者将摄像机用钓鱼竿悬挂起来，进行"姜太公钓鱼，愿者上钩"似的行为艺术般的影像实验。置身于大庭广众之下，旁若无人，成为他人风景的同时，也用这种不一样的拍摄方式捕捉了他人的惊奇目光。

钩 HOOK

影像，2018

张擎天

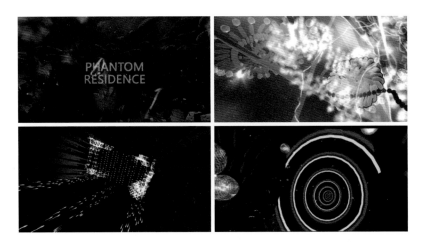

Phantom Residence

VR互动，2019

邬子嫣

作者通过Google Tilt Brush配合HTC Vive描绘了瑰丽的虚拟世界。随着体验者自身视角穿梭可进入不同层级的空间进行探索。

Sound Parade

AR互动，2018

鲍汐滢

作者使用Cinema 4D与Unity软件，创作了AR增强现实的音画体验。在上海街道实景基础上，用手机或平板电脑观看叠加其上的声音叙事动画。

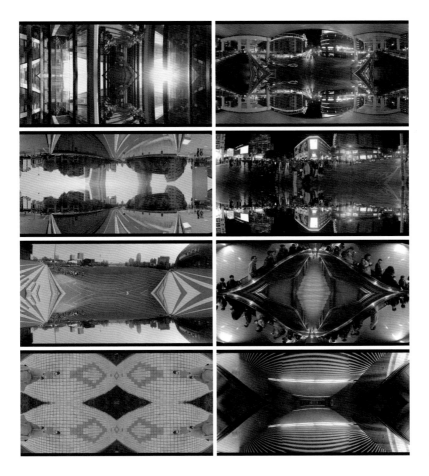

影像使用三台运动相机拍摄而成。想法来源于一种很有年代的电影技术——cinerama，它使用三台相机拍摄后将影像投影到弧形银幕上，营造出身临其境的感觉。由于相机本身已经是广角，后期拼合出的画面拥有了超过180度的视角，拍摄对象也产生了不同程度的扭曲变形。作者尝试拍摄了不同类型的空间，既有宏大的空间，也有狭窄的空间，以此寻找一种利用这种媒介所特有的视角和扭曲变形的方式的视觉表达。作品以人、车、光影等元素的动势为线索将不同场景串联在一起，并通过在After Effects中调节视频速率以及制作镜像画面的方式放大画面的动感和韵律，形成一段具有独特效果的影像。

全景城市
CITYRAMA
影像，2017
张何辛

11 动态装置：回归与实验

1

Robert Russett and Cecile Starr,
*Experimental Animation: an
Illustrated Anthology*, 1977: 155.

广义的动态媒体设计可以追溯至一百多年前主要用于游戏娱乐的活动图像装置（moving images installation）或玩具，如我们熟知的走马灯、幻影转盘、翻页书等，这些活动图像装置对于观众或游戏者如何构建和感知运动及交流方面起到了重要作用。

动态媒介与艺术跨界

活动图像装置主要集中出现在19世纪末20世纪初，在人类影像技术发展由静态拍摄迈向动态呈现的关键过渡时期，源自不同艺术领域的创新者与开拓者纷纷开始拥抱影像媒介带来的前所未有的表现力，其核心是在视觉上增加了时间维度。

值得一提的是，在电影与动画尚未形成产业化的阶段，相关领域涌现出的一批先驱者所具有的开拓与创新价值是无与伦比的。首先，他们努力将自身固有的艺术理念与之融合。画家、雕塑家、音乐家、舞蹈家、舞台美术设计师、建筑设计师等在影像这一新兴媒介的感召下，纷纷以自身对时间、空间、情感与叙事的理解认知而最大化地实现了艺术的跨界与融合，这源自传统领域改革者在拥抱新媒介并投身到本无明确界定领域中的化学反应。

当我们去致敬"前电影"时代的作品与装置，其意义不仅是回溯历史脉络，更具备对当下乃至未来的启迪作用，在固有规则裂变重塑的临界点，所有的创新都极具实验意义，甚至具有可以穿越历史的光芒。

正如诺曼·麦克拉伦所述，"动画诞生之初，所有的动画都是实验性的"[1]。

这种实验冲动引发绘画、雕塑、音乐、诗歌中明显的抽象化演变。

"抽象电影"（abstract film）又称作"绝对电影"（absolute film），是把绘画和音乐上的抽象主义应用于电影创作的一种非形象化的影像形式，具有明显的表现主义特征。艺术家在很大程度上将原本运用在舞台现场、基于时间维度的创作手法（如音乐创作、编舞、灯光设计、场景转换等）使用在了电影胶片上，借助屏幕媒介将这些内心的本源创作冲动展现出来。抽象电影的先驱沃尔特·鲁特曼（Walter Ruttmann，1887—1941）将影像创作称为"用时间作画"[2]——影像是一种将绘画转换到运动维度的手段。20世纪20年代抽象电影的先行者还有"达达主义"代表人物汉斯·里希特、维金·埃格林（Viking Eggeling，1880—1925）等其他艺术家。

另外值得强调的，是许多实验影像和动画先驱们与音乐的不解之缘。麦克拉伦曾说过："对于抽象电影来说，最令我愉快的形式是那些最接近音乐的形式。"[3]可以说音乐是这些早期抽象艺术家迈向动画艺术的引路者。维金·埃格林的父亲拥有瑞典的一家音乐店，他本人也是一位钢琴家。汉斯·里希特同样具有出众的音乐天赋，他曾通过演奏巴赫的前奏曲和赋格来提升其对视觉对位的理解。埃格林将他的视觉系统称为"绘画的基本贝斯"，这也源自专门用于巴赫音乐的术语。沃尔特·鲁特曼不仅是一位画家、雕刻家和石版画家，还是一位大提琴手和小提琴手。而著名的视觉音乐领域的实验动画家奥斯卡·费钦格，在成为一名工程师之前曾在一个管风琴制造商那里当学徒。[4]

电影先驱乔治·梅里埃（Georges Méliès，1861—1938）[5]则将戏剧、电影和至今看来都极具创意的特效混合在一起，这些理念与技法对如今21世纪的人们都启发深远。事实上，我们很难对梅里埃的职业进行明确界定，其兼具电影导演、魔术师、特效师、戏剧工作者等职责，而胶片是其创造力最终呈现的舞台——此类高度跨界的系统化工作与现代设计如出一辙。

2
Robert Russett and Cecile Starr, *Experimental Animation: an Illustrated Anthology*, 1977: 41.

3
同上: 156。

4
同上: 46。

5
乔治·梅里埃，法国魔术师及电影制片人，为早期电影的技术和讲述方法做出卓越贡献。梅里埃在电影特效运用方面是一个多产的创新者，他在1896年偶然间发现了停机再拍技术，他还是最初几位在作品中使用多重曝光、低速摄影、淡入淡出以及手工着色的电影制作人之一。

6

德国媒体理论家西格弗里德·齐林斯基出版了《媒体考古学：探索视听技术的深层时间》（*Archologie der Medien: Zur Tiefenzeit des technischen Hrens und Sehens, 2002*）一书，首次提出了媒体考古学的概念。这一概念脱胎于"电影考古学"（archaeology of cinema）与"知识考古学"（archaeology of knowledge），常常被用来指涉一种以媒介物质为中心的、"回溯—前瞻式"（analeptic-proleptic）的研究取向。媒介考古学有意避开典范（canonical）媒介的主流叙事，致力于寻访那些湮没无闻的媒介物，拼接碎片，追溯前史，重估价值，试图梳理出那些被遗忘、被忽视、被遮蔽的历史线索，借此拓展新兴媒介的研究空间。

7

Erin Manning, Relationscapes: Movement,Art,Philosophy, 2009: 94。

技术的创造性运用

在媒体考古学（Media Archaeology）[6]的学者专家的不断研究和挖掘下，我们回顾百年前琳琅满目的活动图像装置，其中包括大量能工巧匠开发的精巧机关。艺术先驱们对新技术的执着需要具备足够的勇气、眼界与毅力。遥望那些开拓者远去的背影，他们往往具备超越时代的特质，有时更像是来自21世纪数字时代的"穿越者"。不少先驱们兼具艺术家与发明家的使命，他们参与开发改装的创新设备至今看来仍然"黑科技"意味十足，这点与百年之后关于"创客"（maker）文化以及开源硬件（open souce hardware）理念的探讨形成极好呼应。

从技术角度来看，摄影的发明是工业革命中的一个重大进展，对于科学家、医学人员和艺术家来说，摄影的关键价值在于可通过设备来观测无法用肉眼捕捉到的事物。新生媒介改变的是我们观看世界的方式。摄影技术也为研究不同环境下的运动内容拓宽了边界。从19世纪中叶开始，人们进行了不同类型的摄影研究，试图理解人类、动物和其他物质的运动方法。

埃德沃德·迈布里奇在电影发明之前使用多个照相机组成的装置将运动过程记录呈现为静态序列图片。艾蒂安·朱尔·马雷使用的"单板连续摄影"是指将一系列图片记录到单独的照片底片上，记录一个人物在时间和空间中的移动，马雷改装的"摄影枪"设备可以通过扣动扳机在1/500秒以上的速度范围内连续拍摄飞行中的鸟类的照片。这类技术创新与如今的动作捕捉技术具有一定渊源关系，如麦克拉伦所述，动画并非是让画面运动起来，而是将运动记录下来。该论断虽具有主观色彩，但表明了实验动画对于抽离物体表象研究运动本源的方法论。而马雷将其开发的用于记录马匹步伐数据的"穿戴式"装置描述为是记录"由马自己写下的音乐"[7]，他将自然生态数据进行抽象诗意的可视化表达，并以音乐的跨感官体验为类比，其思维的超前性可见一斑。

奥斯卡·费钦格为了制作出有机而具备丰富形态变幻的立体动态内容，发明了一种切蜡机。该装置将刀片切割机与电影摄影机的快门结合起

 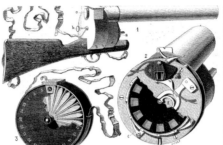 

来，可以通过从彩色蜡块中剥离薄层来拍摄其断面的抽象线性变化。除了工匠精神之外，先驱们在创作中还必须具备足够的勇气与毅力。费钦格制作一段抽象动画短片往往需要历时五个月左右，且中间无法像如今电脑软件般预览动态效果。针幕动画创始人亚历山大·阿雷克塞克耶夫（Alexander Alexeieff，1901—1982）在桌面装置上安装了几百万个针孔并利用针孔凹凸的明暗关系创造瑰丽的版画效果，这一技法的难度挑战是空前绝后的。而马克斯·弗莱舍为迪士尼开发的专利设备——多层平面摄影机和弗莱舍立体摄影机，可通过拍摄手段实现镜头运动中的立体纵深感。这些装置的效果类似于电脑诞生之后的诸如After Effects等动态设计软件产生的镜头空间以及后期合成的理念［图11.1］。

图11.1 a
马雷工作照
图11.1 b
马雷发明摄影枪
图11.1 c
麦克拉伦工作照
（图片来源www.wikipedia.org）

8
乔恩·克拉斯纳在其《动态图形设计的应用与艺术》一书中，阐述了这一简史。

质朴而敏锐的时空观

设计学范畴的动态媒体设计更广义地讲，则可以包括人类活动中关于运动、时间等相关主题表达的所有探索和实验[8]。正是在这个意义上，动态媒体设计在当下的语境下是一既古老又新兴的设计领域。

人类有记载的最早对运动图像进行记录的方式可追溯到公元前约15 000年的史前绘画作品，如法国拉斯科洞穴中的壁画，这些古老的图像描绘了马和其他动物在一系列微小变化的位置。工业、技术、科学、文化、美学和个人因素共同影响了动态媒体设计的发展，而从历史角度而言，人们对动态表达的认知能体现不同时代的时空观以及对生命的解读与诠释。

9
列夫·马诺维奇，《新媒体的语言》，2020：301。

古老的皮影戏和木偶戏等对装置与机关的操弄在理念上追寻着创造生命幻象的使命。将非生物变得有生命，这是违背自然法则的骗术，与魔术行业的所作所为如出一辙。好奇心是所有文化中的共同心理，早期实验动画的研究者在某种程度上也同样具备对神秘主义的浓厚兴趣。在英文中，万物有灵论（Animistic）这一术语与动画（animation）有着潜移默化的关系。欧洲的第一批现代主义动画师对抽象形象具有浓厚兴趣，有的艺术家认为"抽象"能带来超自然的感知体验，代表了超越特定文化并通向精神觉醒的途径。动态媒体设计源起的另一途径是来自创作者对光的执着，光是人类思维的外化表达，其神秘主义与启迪性同样不言而喻。自20世纪初以来，艺术家们使用霓虹灯、荧光灯、激光和其他形式的灯光作为艺术媒介，其中也时常体现出对心智外化和控制的隐喻。

电影诞生前的动态图像装置，具备着改变与重塑人们观看行为的使命。这些早期的观景器巧妙地满足了人们的窥探欲望和感知幻象。最初，观看和拥有照片只是少数特权阶层的享受，但通过这些装置的公众展览，普通人也得以接触到世间万象的景观。在19世纪，小型的家庭动态装置进一步拓宽了受众，将观赏广阔世界的行为带入了家中。

早期动态装置所具备的质朴特征有时呈现于具身化体验的过程中。如马诺维奇在《新媒体的语言》所述，早期设备需要通过手动使图像运动起来，直到19世纪的最后十年，图像的自动生成和自动投影才最终实现了结合[9]。电影这一独特的视觉呈现最终诞生。在运动影像的放映过程中，不规则性、非均匀性、偶发性和其他人工痕迹曾经都是不可避免的，而现在，机器视觉的均匀性使以上痕迹不复存在。具身性体验在创作中会形成与自动化设备所产生内容相反的朴拙质感，比如黏土停格动画带来的卡顿感是同样让人着迷的。

动态媒体设计

本章小结

当今大数据、虚拟技术的发展，反过来却推动人类重新思考和真实世界的关系，动态媒体设计源起阶段的实验和尝试也再次被重新审视和挖掘。如果设计的价值和意义依然是增进人和人、人和自然、人和机器之间更顺畅的情感沟通和交流的话，那么我们所处数字时代的动态媒体设计的第四个阶段，必然具有跨学科、全媒体、多感官感知等特点。动态媒体设计曾经是、现在是，更希望未来还是继续以充满好奇心、想象力和实验精神不断回到创造的起源，再次出发。

延伸阅读

- Robert Russett and Cecile Starr, *Experimental Animation: An Illustrated Anthology*, 1977.

本书以图文并茂形式展现了20世纪上半叶为主的一批实验动画先驱的风采，从电影诞生之初的影像艺术家到欧洲和美国的抽象动画先驱，再到电子技术驱动下的实验动画先驱，本书以人物小传加作品分析为读者展现了宝贵而详尽的历史文献。

- 克里斯·米-安德鲁斯，《录像艺术史》，2018。

作者以过去50余年间数字科技的进步为线索，整理了录像艺术的发展历程。在此基础上，《录像艺术史》还从更高远的角度审视这一艺术形式，探讨历史文化及社会变迁对录像艺术发展带来的影响。针对从20世纪六七十年代的结构主义到八九十年代的后现代主义，甚至到2000年以来，新一代影像艺术家对后殖民主义、后媒体时代的思考，以及互联网对艺术家创作的影响，本书展现了详尽的录像艺术史导览。

- 埃尔基·胡塔莫，《媒介考古学：方法、路径与意涵》，2018。

媒体考古学是近年来在媒介研究领域出现的一种新的学术旨趣和方法论。它旨在以知识考古的方式揭示媒介历史中的连续和断裂，为理解历史和人类未来提供一种新的视野。全书15章，除去导论及后记外，收录了在美国出版的媒体考古学著作和论文，反映了媒体考古学研究的新成果和前沿进展，是这一领域的集大成之作。

课程作业

活动图像动态装置

(1) 课题目标

通过向人类历史上在电影技术诞生之前所发明的能创造动态幻象的装置

和设备的调研与学习，以全新视角看待动态图像的成像机制。

(2) 课题要求

在调研基础上，致敬电影诞生前能呈现出连续运动画面以及视觉幻象的装置和设备，并尝试分组合作进行原创装置设计。每个作品需具有明确的主题，装置的运转机制及画面内容需根据实际情况进行创新。

① 调研作业

每组同学根据给定的关键词展开调研，完成调研报告。调研报告内容包括与关键词相关的历史资料和受其启发的再创作作品资料。除调研PPT之外，还需要提交一段不少于1分钟的带旁白的介绍短片。

② 推荐关键词

翻页书（flipbook）、妙透镜（mutoscope）、暗箱（camera obscura）、万花筒（kaleidoscope）、西洋镜（zoetrope）、动态观影机（kinetoscope）、旋转镜（praxinoscope）、幻影灯（magic lantern）、光影剧场（theatre optique）、费纳奇镜（Phenakistoscope）、牛顿转盘（Newton Disc）、旋转采光板（Chromatrope）、幻影转盘（Thaumatrope）、连环幻灯镜（Choreutoscope）、扫描动画（Slit Scan Animation）、视觉遮罩（Poemotion）、转描（Rotoscope）、色彩管风琴（Color Organ）、弗莱舍立体摄影（Fleischer Stereoptical Camera）、多层平面摄影（Multiplane Camera）

(3) 成果要求

通过小组合作产出动态装置作品，每个装置需明确致敬历史上的某个动态成像技术，并在其基础上做内容、原理、形式等的创新开发。

(4) 课题说明

当动态媒体逐渐成为设计表达的"刚需"时，我们不妨退一步，尝试摆脱数字化屏幕媒介带来的固有创作思维的限制，回归动态视觉创造的本源问题。

作品案例

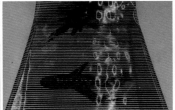

进化！
动态装置，2023
李禹剑、林基正

作品基于"光栅动画"的基本原理，将服装设计、动作表演、视觉艺术相结合。展览中，由模特穿着带有光栅图案的长披风，走在显示光栅底片的舞台之上。随着人的行进，身后的光栅跟随移动，以自然式非刻意交互形式呈现出动画的视觉效果。作品表现主题为人类交通工具的演变历史，"人"的行走恰好呼应了这一主题。

综合材料：打印纸、聚乙烯树脂、聚酯纤维、聚氨酯（TPU）

无尽之虚
动态装置，2023
张欧琦、何佳韵

作品延续了历史中的"旋转采光板"装置的旋转和彩绘抽象图案的形式，探讨虚与实的关系。实物半球与其产生的光影给观者带来截然不同的感受，"虚"相较于"实"具有更加丰富的内涵。彩绘玻璃半球的影子因光线的强弱、远近、角度变化产生丰富的视觉效果。而"虚"的影子与"实"的人、模型又产生充满无限可能性的对话。同时，作品相较传统"旋转采光板"，将二维升维至三维，给予观看角度更多的可能性，探讨了空间与体验的关系。

综合材料：亚克力、彩绘颜料、尼龙线、铁架、钢轴、轴承、热熔胶

该作品以"万花筒"的镜面多次反射成像为原理，创作并绘制了系列漫画《万花筒图书馆》和《黑森林迷踪》。作者将万花筒作为阅读漫画的重要环节和工具。在漫画的特定情节处，读者必须拿起万花筒进行观察，以制造繁复但是有规律可循的成像，方才知道漫画情节的转跳与交互的用意。这一作品赋予了万花筒从娱乐性向功能性的转换，同时为读者带来了一种全新的漫画阅读的互动体验。

装置原理：镜面反射造成的重复成像

万花筒交互漫画系列

动态装置，2023

牟雪灵、杨俏

"妙透镜"是历史上的一种一次只能供一个人观看，其他人需要排队等候的装置。作品以此为切入点，探讨"观看"与"围观"之间的关系。首先，装置设计了一组相向的面具作为窥镜，邀请两位观众同时造访，通过正面面具眼睛的位置看到的是通过摇柄驱动的正常放映的逐帧动画，通过反面面具眼睛的位置看到的则是倒置视角。其次，观众在观看影像时只留下"观看的背影"（后脑勺）面对围观的人群，人群会好奇与后脑勺相对的眼睛正在观看什么，而装置内部的逐帧影像所展现的内容——人群的背影，正是在回应围观者的好奇。

妙透镜

动态装置，2023

付雨彤、沈亦霖

参考文献

阿明·霍夫曼. 平面设计手册：原理和实践. 杜钦, 刘育黎译. 上海: 上海人民美术出版社, 2022.（Hofmann, Armin. *Graphic Design Manual: Principles and Practice*. Van Nostrand Reinhold, 1977.）

艾德·卡特姆. 创新公司: 皮克斯的启示. 靳婷婷译. 北京: 中信出版集团, 2015.

艾萨克·牛顿. 自然哲学之数学原理. 王克迪译. 西安: 陕西人民出版社, 2001.

爱森斯坦. 蒙太奇论. 富澜译. 北京: 中国电影出版社, 1999.

埃尔基·胡塔莫, 尤西·帕里卡. 媒介考古学: 方法、路径与意涵. 唐海江主译. 上海: 复旦大学出版社, 2018.（Huhtamo, Erkki and Jussi Parikka. *Media Archaeology: Approaches, Applications and Implications*. CA: University of California Press, 2011.）

安·哈钦森·盖斯特. 拉班记谱法:动作分析与记录系统（第4版）. 罗秉钰等译. 北京: 中国对外翻译出版有限公司, 2013. [Guest, Ann Hutchinson. *Labanotation: the System of Analyzing and Recording Movement*（Fourth Edition）. Routledge,2005.]

安德鲁·威廉姆斯（Andrew Williams）. 数字游戏史:艺术、设计和交互的发展. 柴秋霞译. 上海: 复旦大学出版社, 2021.

奥列弗·格劳. 虚拟艺术. 陈玲主译. 北京: 清华大学出版社, 2007.（Grau, Oliver. *Virtual Art: From Illusion to Immersion*. Cambridge, MA: The MIT Press, 2003. Grau, Oliver. *Virtuelle Kunst in Geschichte und Gegenwart: Visuelle Strategien.* Berlin: Reimer, 2001.）

奥斯汀·肖. 动态视觉艺术设计. 陈莹婷, 卢佳, 王雅慧译. 北京: 清华大学出版社, 2018.（Shaw, Austin. *Design for Motion: Fundamentals and Techniques of Motion Design*. Focal Press, 2016.）

奥斯卡·施莱默等. 包豪斯舞台. 周诗岩译. 北京: 金城出版社, 2014.

Von Arx, Peter. *Film+Design*. New York: Van Nostrand Reinhold, 1983.

保罗·克利. 艺术、自然、自我: 克利日记选. 雨云译. 南京: 江苏美术出版社, 1987.

保罗·克利. 克利与他的教学笔记. 周丹鲤译. 重庆: 重庆大学出版社, 2011.

Barthes, Roland. *Image Music Text*.Translated by Stephen Heath from French.London: Fontana Press, 1977.

贝·布莱希特. 中国戏剧表演艺术中的陌生化效果. 丁杨忠译. 载《布莱希特论戏剧》. 张黎，景岱灵等译. 北京: 中国戏剧出版社, 1990.

本庶佑. 生命科学是什么. 徐灵芝译. 北京：中信出版社，2020.

毕加索等. 现代艺术大师论艺术. 常宁生译. 北京: 中国人民大学出版社, 2003.

Braha, Yael and Bill Byrne. *Creative Motion Graphic Titling for Film, Video, and the Web: Dynamic Motion Graphic Title Design*. Boston: Focal Press, 2010.

Brougher, Kerry, Olivia Mattis, Jeremy Strick, Ari Wiseman, and Judith Zilczer. *Visual Music: Synaesthesia in Art and Music Since 1900*, 2005.

布林克曼（Ron Brinkmann）. 数字合成的科学与艺术. 谢毓湘, 杨征, 栾悉道等译. 北京: 清华大学出版社, 2011.

陈永群, 张雪青, 龚艳燕. 异想天开: 设计初始. 上海: 上海人民美术出版社 , 2018.

Chris Meyer, Trish Meyer. 深度解析After Effects（第五版）. 张波，侯晓敏，张明译. 北京: 人民邮电出版社, 2014. （Chris Meyer and Trish Meyer. *Creating Motion Graphics with After Effects: Essential and Advanced Techniques*, 5th Edition, Version CS5. New York: Routledge, 2010.）

大卫·波德维尔, 克里斯汀·汤普森. 电影艺术——形式与风格. 彭吉象等译. 北京: 北京大学出版社, 2003.

David Sonnenschein. 声音设计: 电影中语言音乐和音响的表现力. 王旭锋译. 杭州：浙江大学出版社, 2015.

达彦. 字舞飞扬. 硕士论文: 同济大学, 2003.

丁柳. 当代西方剧场艺术中的时间实验. 戏剧艺术, 2023,（3）: 135+137.

Ernest Adams. 游戏设计基础. 王鹏杰等译. 北京: 机械工业出版社, 2010.

房龙（Hendrik Willem van Loon）. 房龙论艺术. 天津: 天津人民出版社, 2017.

Flueckiger, Barbara. *History of Visual Effects VFX, Computer Graphics, CGI, Computer Animation*. 2011 [2024-05-25]. https://www.zauberklang.ch/timeline.php.

弗兰克·托马斯, 奥利·约翰斯顿. 生命的幻象: 迪士尼动画造型设计. 徐鸣晓亮，方丽，李梁等译. 北京: 中国青年出版社, 2011.（Johnston, Ollie and Thomas Frank,. *The Illusion of Life : Disney Animation*. Disney Editions,1995.）

Furniss, Maureen. *Animation the Global History*. Thames & Hudson, 2017.

高字民. 从影像到拟像: 图像时代视觉审美范式研究. 北京: 人民出版社, 2008.

Gianetti, Louis. *Understanding Movies*,13th Edition. Pearson, 2014.

贡布里希（Ernst Hans Josef Gombrich）. 艺术发展史. 范景中, 林夕译. 天津: 天津人民美术出版社, 2001.

豪·路·博尔赫斯. 博尔赫斯文集. 王永年译. 海口：海南国际新闻出版中心, 1996.

赫伯特·泽特尔. 图像, 声音, 运动: 实用媒体美学. 赵淼淼译. 北京: 中国传媒大学出版社, 2003.（Zettl, Herbert. *Sight Sound Motion: Applied Media Aesthetics,* 3th Edition. CA: Thomson, 1999.）

Hell, Steven and Michael Dooley. *Teaching Motion Design: Course Offerings and Class Projects from the Leading Undergraduate and Graduate*. NY: Allworth Press, 2008.

侯世达（Douglas Richard Hofstadter）. 哥德尔、艾舍尔、巴赫书：集异璧之大成. 严勇, 刘皓明, 莫大伟译. 北京: 商务印书馆, 1997.

黄英杰，周锐. 视觉形态创造学. 上海: 同济大学出版社, 2010.

胡易容. 图像符号学:传媒景观世界的图式把握. 成都: 四川大学出版社, 2014.

吉尔·德勒兹（Gilles Deleuze）. 电影 I：动作—影像. 黄建宏译. 台湾: 远流出版社, 2003.

吉尔·德勒兹（Gilles Deleuze）. 电影 II：时间—影像. 黄建宏译. 台湾: 远流出版社, 2003.

吉尔·德勒兹, 菲力克斯·迦塔利. 什么是哲学. 张祖建译. 长沙: 湖南文艺出版社, 2007.

吉姆·汤普森. 英国游戏设计基础教程. 张凯功译. 上海: 上海人民美术出版社, 2008.

芥川龙之介. 罗生门. 赵玉皎译. 昆明: 云南人民出版社, 2015.

康定斯基. 论艺术里的精神. 吕澎译. 上海: 上海人民美术出版社, 2020.

康定斯基. 点线面. 魏大海, 罗世平, 辛丽译. 北京: 中国人民大学出版社, 2003.

Kay, A. and A. Goldberg. Personal Dynamic Media. *Computer,* 1977, 10（3）: 31-41.

柯鹿鸣（Brendan Cormier）. 设计的价值. 马聘, 岳威译. 上海: 上海书画出版社, 2018.

克里斯·米-安德鲁斯. 录像艺术史. 曹凯中，刘亭，张净雨译. 北京: 中国画报出版社，2018.

Kerlow, Isaac Victor. *The Art of 3D Computer Animation and Affects.* New York: John Wiley and Sons, 2000.

Ishizaki, Suguru. *Improvisational Design: Continuous, Responsive Digital Design.* Cambridge, MA: MIT Press, 2003.

Kubasiewicz, Jan and Brian Lucid. Type on Wheels: Brief Comments on Motion Design Pedagogy. In A. Murnieks, G. Rinnert, B. Stone, & R. Tegtmeyer (eds.), *Motion Design Education Summit 2015 Conference Proceedings*. Routledge, 2016: 61-70.

拉兹洛·莫霍利-纳吉 （László Moholy-Nagy）. 新视觉: 包豪斯设计、绘画、雕塑与建筑基础. 刘小路译. 重庆: 重庆大学出版社, 2014.

拉兹洛·莫霍利-纳吉（László Moholy-Nagy）. 运动中的视觉: 新包豪斯的基础. 周博，朱橙，马芸译. 北京: 中信出版社, 2016.（Moholy-Nagy, László. *Vision in Motion*. Paul Theobald & Co，1947.）

Layborne, Kit. *The Animation Book—a Complete Guide to Animated Filmmaking: From Flip-books to a Sound Cartoons*. New York: Three River Press, 1998.

理查德·威廉姆斯. 原动画基础教程: 动画人的生存手册. 邓晓娥译. 北京: 中国青年出版社, 2006.（Williams, Richard. *The Animator's Survival Kit: a Manual of Methods, Principles and Formulas*. Faber and faber Limited, 2002.）

李钧. 动态媒体设计: 从界面构成到四维空间. 上海: 上海人民美术出版社, 2005.

李小诺. 音乐的认知与心理. 桂林: 广西师范大学出版社, 2017.

李严, 李双武. 浅谈牛顿三大定律在动画中的应用. 艺术科技，2014（5）: 421.

列夫·马诺维奇. 新媒体的语言. 车琳译. 贵阳: 贵州人民出版社, 2020.（Manovich, Lev. *The Language of New Media*. MA: The MIT Press, 2001.）

Lin, T. B., Li, J. Y., Deng, F., & Lee, L. Understanding New Media literacy: an Explorative Theoretical Framework. *Journal of Educational Technology & Society*, 2013,16（4）: 160-170.

琳达·诺克林. 现代生活的英雄: 论写实主义. 刁筱华译. 桂林: 广西师范大学出版社，2005.

刘青戈. 返回原点: 舞蹈的身体语言研究文集. 北京: 中国文联出版社，2014.

Liz Blazer. 动画叙事技巧. 黄临川译. 北京: 人民邮电出版社, 2017.（Blazer, Liz. *Animated Storytelling: Simple Steps For Creating Animation & Motion Graphics*. Peachpit Press, 2015.）

鲁道夫·阿恩海姆. 艺术与视知觉. 滕守尧译. 成都: 四川人民出版社，2019.

鲁道夫·阿恩海姆. 视觉思维. 滕守尧译. 成都: 四川人民出版社，2019.

路德维希·维特根斯坦. 冯·赖特, 海基·尼曼编. 维特根斯坦笔记. 许志强译. 上海: 复旦大学出版社, 2008.

路易斯·贾内梯. 认识电影. 胡尧之译. 北京: 中国电影出版社, 1997.

罗岗、顾铮主编. 视觉文化读本. 桂林: 广西师范大学出版社, 2003.

洛朗·朱利耶. 合成的影像: 从技术到美学. 郭昌京译. 北京: 中国电影出版社, 2008.

马谨, 娄永琪. 基于设计四秩序框架的设计基础教学改革. 装饰, 2016（6）: 108-111.

马歇尔·麦克卢汉. 理解媒介: 论人的延伸. 何道宽译. 北京: 商务印书馆, 2000.

Manning, Erin. *Relationscapes: Movement, Art, Philosophy*. London: MIT Press, 2009.

Manovich, Lev. After Effects, or Velvet Revolution. *Artifact*, Vol1(2)., 2007:114-124. doi: 10.1080/17493460701206744..

美国罗切斯特技术学院. 动态设计基础教程. 王冬玲等译. 上海: 上海人民美术出版社, 2005.（Eileen F. Bushnell, Stephanie K. Cole, Karen Sardisco, Bruce Wenger, Joyce S. Hertzson. *Design Dynamics: Integrating Design and Technology*. Prentice Hall, 2002.）

蒙德里安. 蒙德里安艺术选集. 徐沛君译. 北京: 金城出版社, 2014.

米歇尔·希翁. 视听: 幻觉的构建. 黄英侠译. 北京: 北京联合出版公司, 2014.

莫里斯·德·索斯马兹. 基本设计: 视觉形态动力学. 莫天伟译. 上海: 上海人民美术出版社, 1989.（De Sausmarez, Maurice. *Basic Design: The Dynamics of Visual Form*. Studio Vista., 1964.）

莫琳·弗尼斯. 动画概论. 方丽等译. 北京: 中国青年出版社, 2009.

Muybridge, Eadweard. *The Human Figure in Motion*. Dover Publications, 1955.

Muybridge, Eadweard. *The Male and Female Figure in Motion: 60 Classic Photographic Sequences*. Mineola, NY: Dover Publications, Inc., 1984.

New Media Consortium. *A Global Imperative: The Report of the 21st Century Literacy Summit*. The New Media Consortium (NMC), 2005 [2024-05-25]. https:// library.educause. edu/-/media/files/library/2005/10/21stcentliteracy.pdf.

尼葛洛庞蒂. 数字化生存.胡泳, 范海燕译. 海口: 海南出版社, 1997.

尼克·库尔德利. 媒介、社会与世界: 社会理论与数字媒介实践. 何道宽译. 上海: 复旦大学出版社, 2014.

Noah Wardrip-Fruin and Nick Montfort（eds）. *The New Media Reader*. Cambridge, MA: The MIT Press, 2003.

乔恩·克拉斯纳（Jon Krasner）. 动态图形设计的应用与艺术. 李若岩, 陈小民, 张安宇译. 北京: 人民邮电出版社, 2016.（Krasner, Jon. *Motion Graphic Design: Applied History and Aesthetics*. Boston: Focal Press, 2002.）

乔纳森·克拉里. 观察者的技术: 论十九世纪的视觉与现代性. 蔡佩君译. 上海: 华东师范大学出版社, 2017.（Crary, Jonathan. *Techniques of the Observer*. MA: The MIT Press, 1992.）

乔治·萨杜尔.世界电影史. 徐昭,胡承伟译. 北京: 中国电影出版社，1982.

邱志杰. 摄影之后的摄影. 北京: 中国人民大学出版社，2005.

让尼娜·菲德勒（Fiedler J.），彼得·费尔阿本德. 包豪斯. 查明建等译. 杭州: 浙江人民美术出版社, 2013.

Russett, Robert and Cecile Starr. *Experimental Animation: an Illustrated Anthology*. Van Nostrand Reinhold Inc.,U.S.,1977.

Seuphor, Michel. *Abstract Painting: Fifty Years of Accomplishment From Kandisky to Jackson Pollock*. Dell Laurel Edition, 1964

杉本博司. 直到长出青苔. 桂林: 广西师范大学出版社, 2012.

史蒂芬·法辛（Stephen Farthing）. 艺术通史. 杨凌锋译. 北京: 中信出版集团股份有限公司, 2015.

史蒂文·卡茨. 电影镜头设计: 从构思到银幕. 井迎兆, 王旭锋译. 北京: 北京联合出版公司，2019.

斯蒂芬·阿普康（Stephen Apkon）. 影像叙事的力量. 马瑞雪译. 杭州: 浙江人民出

版社, 2017. （Apkon, Stephen. *The Age of the Image: Redefining Literacy in a World of Screens*. NY: Farrar, Straus and Giroux, 2013. ）

斯科特·麦奎尔. 媒体城市: 媒体、建筑与都市空间. 南京: 江苏教育出版社, 2013.

宋杰. 视听语言——影像与声音. 北京: 中国广播电视出版社, 2001.

Stone, R. Brian and Leah Wahlin. *The Theory and Practice of Motion Design: Critical Perspectives and Professional Practice*. Routledge, 2018.

苏珊·宋妲. 论摄影. 黄翰荻译. 唐山: 唐山出版社, 1997.

孙彦妍. 美国艺术设计的教与学. 北京: 高等教育出版社, 2010.

瓦尔特·本雅明. 机械复制时代的艺术 [见瓦尔特·本雅明. 迎向灵光消失的年代]. 许期玲, 林志明译. 桂林: 广西师范大学出版社, 2008.

王鹏, 潘光花, 高峰强. 经验的完形: 格式塔心理学. 济南: 山东教育出版社, 2009.

王受之. 世界平面设计史. 北京: 中国青年出版社, 2002.

William J Mitchell, Malcolm McCullough . 数字、设计、媒体. 王国泉等译. 北京: 清华大学出版社, 2011.

W.J.T.米歇尔. 图像何求?形象的生命与爱. 陈永国, 高焓译. 北京: 北京大学出版社, 2018. （W.J. T. Mitchell. *What Do Pictures Want?The Lives and Loves of Images*.The University of Chicago, 2005. ）

吴洁. 数字人类的起源: 1964~2001. 上海: 同济大学出版社, 2016.

吴洁. 动境: 动态影像的新境遇 [见"动境: 中德动态影像先锋展暨研讨会"展览画册, B3+上海]. 同济大学, 2016.9.26-10.15.

吴洁. 媒体传达新时态. 上海: 同济大学出版社, 2018.

吴洁. 时间之态 [见吴洁编, 媒体传达新时态]. 上海: 同济大学出版社, 2018: 1-3.

吴洁, 吴国欣. 媒介、传达和技术: 同济大学媒体与传达设计专业教学改革探索 [见吴洁编,媒体传达新时态]. 上海: 同济大学出版社, 2018: 198-207.

西格弗里德·齐林斯基. 媒体考古学: 探索视听技术的深层时间. 荣震华译. 北京: 商务印书馆, 2006. （Zielinski, Siegfried. *Archäologie der Medien: zur Tiefenzeit des technischen Hörens und Sehens*. Rowohlt Taschenbuch, 2002. ）

谢丹军. 谈戏曲表演人物首次出场设计. 戏剧之家, 2017（11）: 36.

忻颖. 空间现实的影像表达——基于影视媒体的动态影像研究. 博士论文: 同济大学, 2013.

杨皓. 展览体验——增幅理解的叙事场景设计研究. 博士论文: 同济大学, 2014.

伊塔洛·卡尔维诺. 美国讲稿. 萧天佑译. 南京: 译林出版社, 2012.

约翰·伯格. 观看之道: 第3版. 戴行钺译. 桂林: 广西师范大学出版社, 2015.

约瑟夫·米勒-布罗克曼. 平面设计中的网格系统: 平面设计、字体编排和空间设计的视觉传达设计手册. 徐宸熹, 张鹏宇译. 上海: 上海人民美术出版社, 2016. （Müller-Brockmann, Josef. *Grid Systems in Graphic Design: a Visual Communication Manual for Graphic Designers, Typographers and Three Dimensional*. Braun Publish,Csi., 1996.）

约瑟夫·阿尔伯斯. 色彩构成. 李敏敏译. 重庆: 重庆大学出版社, 2012.

张未. 游戏的本性. 北京: 三联出版社, 2018.

张屹南. 多媒体设计中视听语言间的互动方法研究. 硕士论文: 同济大学, 2007.

张屹南. 用数字算法创造动态视效. 大设计, 2013（4）: 47-50.

张屹南. 人·影共舞——数字影像在舞台演出中的交互设计研究. 博士论文: 同济大学, 2014.

张屹南. 音乐可视化设计中的多通道映射模式研究. 设计艺术研究, 2014（4）: 58-63.

张屹南. VR/AR/MR: 虚拟现实技术创新设计发展研究［见王晓红, 于炜, 张立群编著, 中国创新设计发展报告（2017）］. 北京: 人民出版社, 2017: 94-121.

赵璐. 德国视觉传达设计教学特色课程. 北京: 人民美术出版社, 2009.

关键术语中英文对照

A

暗箱 Camera Obscura

B

柏拉图的洞穴 Plato's Cave

版式编排 Layout

绑定 Rigging

编程 Programing

编排 Composing

编曲 Arrangement of Music

编舞，舞蹈动作设计 Choreography

变化 Change

变换 Transform

标识 Identification

标志 LOGO

表现的 Expressive

表现主义 Expressionism

表演 Performance

并置 Juxtaposition

博览会 Exposition（EXPO）

C

参与性 Participatory

插画 Illustration

场域 Field

沉浸 Immersion

程序化动画 Procedural Animation

抽象的 Abstract

抽象电影 Abstract Film

抽象图形 Abstract Graphic

抽象艺术 Abstract Art

抽象主义 Abstractionism

出现，出场 Appearing

触觉 Sense of Touch，Tactile Perception

传播 Communication

传达 Communication

创意编程 Creative Coding

D

达达主义 Dadaism

大众传媒 Mass Media

淡入淡出 Fade-in, Fade-out

弹性 Elastic

电视 Television

电视台标识（台标）
　　Station Identifications（Station IDs）

电影 Film, Movie, Cinema, Moving Image,
　　Motion Pictures

电影片头 Film Title, Movie Title

电影制作 Filmmaking

叠加 Superimposition

动感 Dynamic

动画 Animation

动画短片 Animated Short

动力学 Dynamics

动漫 Cartoon

动态的 Dynamic

动态观影机 Kinetoscope

动态化 Dynamization

动态媒体 Dynamic Media

动态媒体设计 Dynamic Media Design

动态媒体设计语言
　　Language of Dynamic Media Design

动态媒体素养 Dynamic Media Literacy

动态设计 Motion Design

动态图形 Motion Graphics

动态图形设计 Motion Graphic Design

动态性 Dynamism

动态影像 Dynamic Image，Moving Image

动态装置 Dynamic Installation

动态字体 Kinetic Typography，
　　Moving Letters，Type in Motion

动作捕捉 Motion Capture（Mocap）

短视频 Short Video

对位 Counterpoint

多层平面摄影 Multiplane Camera

多感官 Multisensory

多媒体 Multimedia

多模态感知 Multimodal Perception

多屏 Multi-screens

多重形态 Multi-form

F

翻页书，拇指书 Flipbook

反馈 Feedback

范式 Paradigm

放映机，投影机 Projector

非线性叙事 Nonlinear Narrative

费纳奇镜 Phenakistoscope

分屏 Split-screen

氛围 Atmosphere

风格迁移 Style Tranfer

弗莱舍立体摄影
　　Fleischer Stereoptical Camera

符号 Icon, Symbol, Sign

符号学 Semiotics

G

感官 Sense Organ

感知 Perception

刚体动效 Rigid Body Dynamics

高速摄影 High-speed photograph

格式塔 Gestalt

格式塔心理学 Gestalt Psychology

构图 Composition

故事板 Storyboard

故事叙述，讲故事 Storytelling

关键帧 Key Frames

观看 Seeing

光影剧场 Théâtre Optique

光栅动画 Moiré Animation

广告 Advertising

过渡 Transition

H

合成 Composition（comp）

和谐 Harmony

后期制作 Post Production

互动 Interaction

互动媒体 Interactive Media

互动设计 Interactive Design

幻象 Illusion

幻影灯 Magic Lantern

幻影转盘 Thaumatrope

回放 Reverse

回溯 Traceback

混合现实 MR（Mixed Reality）

活动图片 Motion Pictures

活动图像 Moving Images

J

机动艺术 Kinetic art

机械之眼 Mechanical Eyes

基本设计 Basic Design

计算机生成图像
　　Computer Generated Image（CGI）

计算机视觉 Computer Vision

计算机图形学 Computer Graphics

记录 Document

加速 Acceleration

减速 Deceleration

剪辑 Editing

剪影 Silhouette

建构主义 Constructivism

交互设计 Interaction Design

交互性 Interactivity

交流，沟通 Communication

胶片 Film

节目包装 Show Packages

节拍 Meter

节奏 Tempo

结构主义 Structuralism

解构 Deconstructing

静态设计 Static Design

具身 Embodied

具象的 Figurative

具象图形 Figurative Graphic

绝对电影 Absolut Film

K

卡通动画 Cartoon Animation

开源 Open Source

可变性 Variability，Mutability

可达性 Accessibility

可读性 Legibility

可感知 Perceptible

可视化 Visualization

跨媒体 Transmedia

跨学科 Interdisciplinary

L

拉班记谱法 Labanotation

力 Force

力效 Effort

粒子动画 Particle Animation

连贯性 Continuity

连环幻灯镜 Choreutoscope

连续图像 Moving Images, Motion Pictures

联觉 Synesthesia

联想 Association

灵韵 Aura

流畅 Fluency，Smoothness

流动的 Fluid

流体动效 Fluid Dynamics

录像 Video

录制 Record

轮廓 Outline

M

媒介，介质 Medium, Media

媒介素养 Media Literacy

媒体 Media

媒体化 Mediatization

媒体考古学 Media Archaeology

美学 Aesthetics

蒙太奇 Montage

描摹，复制，拷贝 Copy

妙透镜 Mutoscope

模拟 Simulation

模式 Pattern

模数 Modulus

N

牛顿转盘 Newton Disc

P

排列 Permutation

拼贴 Collage

品牌 Brand

品牌设计 Branding Design

品牌形象 Brand Identity

品牌演绎片 Brand Film

平面设计 Graphic Design

屏幕 Screen

屏幕一代 Screenagers

Q

前电影装置 Pre-cinematic Devices

情感 Emotion

情境 Scenario

情绪 Emotion

球幕电影 Imax

全景 Panorama

确定的 Certainty

群集动画 Crowd Animation

R

人工智能 AI（Artificial Intelligence）

人机交互 HCI

　　（Human Computer Interaction）

认知 Cognition

柔体动效 Soft Body Dynamics

S

三部曲 Trilogy

三段式 Three Section Formula

色彩管风琴 Color Organ

商业广告 Commercials

设计 Design

设计方法 Design Methods

设计过程 Design Process

设计基础 Design Fundamentals

设计教学法 Design Pedagogy

设计教育 Design Education

设计理论 Design Theory

设计实践 Design Practice

设计思维 Design Thinking

设计素养 Design Literacy

设计研究 Design Research

设计原理 Design Principles

摄像机 Video Camera

摄影 Photography

神秘的 Mystery

审美 Aesthetics

声音 Sound

声音采集 Sound Recording

声音可视化 Sound Visualization

声音设计 Sound Design

时基，基于时间的 Time-based

时基媒体 Time-based Media

时基艺术 Time-based Art

时序编排 Timing

时间并置 Time Juxtaposing

时间插值 Temporal Interpolation

时间反转 Time-Reverse

时间扭曲 Time warp

时间伸缩 Time Stretching

时间维度 Temporal Dimension

时间性 Temporality

时间延迟 Temporal Delay

时间栅格 Time Grid

时间重置 Time Remapping

时间轴 Timeline

时空 Space-time, Time and Space

时序艺术 Sequential Art

时长 Duration

实时 Real-time

实验艺术 Experimental Art

实用的 Practical

矢量场 Vector Field

世博会 World EXPO

事件 Event

视错觉 Optical Illusion

视觉 Visual Perception，Vision，Seeing

视觉传达 Visual Communication

视觉素养 Visual Literacy

视觉特效 Visual Effects（VFX）

视觉修辞 Visual Rhetoric

视觉叙事 Visual Narrative

视觉音乐 Visual Music

视觉暂留 persistence of vision

视听结构 Audiovisual Framework

视听联觉 Audiovisual Synesthesia

视听语言 Audiovisual Language

适应性 Adaptability

数据可视化 Data Visualization

数字化 Digitization

数字素养 Digital Literacy

素材 Footage

速度 Velocity

算法 Algorithm

算法动画 Algorithmic Animation

缩放 Zooming

T

套路 Cliché

体验 Experience

听觉 Auditory Perception，Hearing

停格动画 Stop- Motion Animation

通感 Synesthesia

通讯 Telecommunication

同步 Synchronization （Sync）

投影 Projection

图层 Layer

图式 Image-schema

图像 Image

图形 Graphic

图形符号 Graphic Notation

图形媒体 Graphic Media

图形用户界面 GUI

（Graphical Interface Design）

W

万花筒 Kaleidoscope

万物有灵论 Animism

文化研究 Culture Study

物理引擎 Physical Engine

X

西洋镜 Zoetrope

吸引力 Attractive

狭缝扫描动画 Slit Scan Animation

先锋派电影，实验电影 Avant- garde Film

响应性 Responsiveness

想象力 Imagination

消失，离场 Disappearing

写实主义 Realism

新媒体艺术 New Media Art

信息可视化 Information Visualization

形变 Morphing

形态 Form, Shape, Pattern

行为 Behavior

嗅觉 Sense of Smelling, Olfactory Sense

虚拟现实 VR（Virtual Reality）

序列 Sequencing

序列图像 Sequence Images

叙事 Narrative

旋律 Melody

旋转采光板 Chromatrope

旋转镜 Praxinoscope

渲染 Rendering

讯息 Message

Y

压缩 Compression

延时摄影 Time-lapse Photography

延长 Extension

要素 Essentials

异步 Asynchrony

音乐视频 MV（Music Video）

影像骑士 VJ（Visual Jockey）

映射 Mapping

硬切，转切 Hard Cut Transitions

用户界面 UI（User Interface）

用户体验 UX（User Experience）

游戏设计 Game Design

娱乐 Entertainment

语境 Context

元媒介 Metamedium

元素，零件，部件 Unit

匀速 Uniform Velocity

运动 Motion, Movement

运动的，运动引起的 Kinetic

运动跟踪 Motion Tracking

运动媒体 Motion Media

运动模糊 Motion Blur

运动设计 Motion Design

运动图片装置 Moving Pictures Installation

运动图像（图片）

    Moving Images, Motion Pictures

运动图形

    Motion Graphics, Moving Graphics

运动稳定 Motion Stabilization

运动学 Kinematics

运镜 Camera Movement

韵律 Rhythm

Z

增强现实 AR（Augmented Reality）

张力 Tension

照相写实主义 Photorealism

针幕动画 Pinscreen Animation

帧 Frame

帧速率 Frame Rate

知觉

    Perception, Consciousness, Sensation

中间帧 In-between

重复 Repetition

重量感 Sense of Weight

重组 Restructuring

转场 Transition

转化 Convert

转换 Transform

转描 Rotoscoping

装置艺术 Installation Art

组件 Component

致　谢

本书从初步概念到最终成型前后跨越六个春秋，其中包括两次结构性的调整和无数大大小小的修改。从最初定位为一部内容全面的专业教材，伴随着研究著述过程的逐步推进，在笔者们频繁的意见交换和讨论之后，共同决定本书的特色应该是删繁就简、去芜存菁。因此最终呈现的，是对动态媒体设计课程教学内容的概括，是相关实验化教学理论和研究方法的总结，另外每个章节后的延伸阅读部分，旨在与未来的读者之间建立一种潜在的阅读互动。

我们的动态媒体设计课程的教学实践肇始于千禧年后，得益于当时全球数字化方兴未艾的发展趋势，以及国内外专业领域层出不穷的研究成果。在时任领导殷正声教授、吴国欣教授和吴志强教授的大力支持下，课程团队通过积极地走访国内院校，广泛地开展国际合作，深入地调研优秀案例，从无到有、循序渐进地为这门课程打下了一个坚实的基础和开放的框架。

一门课程二十多年的教学实践看似漫长，但它的发展过程却如同我们身处的伟大时代一般，充满着激动人心的变幻和不断探索的喜悦。结合实际的教学进展和学生的各项反馈，一轮又一轮的课程革新不断进行，在这个过程中，我们有幸收获了太多来自同事、同仁、合作院校和机构的无私帮助，作为客座教师和技术支持，他们为我们的课程奉献了无法一一列举的高质量的讲座和工作坊，在此表达由衷的感谢。当然也需要感谢所有参与课程的学生们，没有他们的积极参与和富有创意的作品，我们的教学热情可能会因缺乏互动而难以持久。特别感到欣慰的是，许多已经开始职业生涯或继续求学深造的学生，会频繁回访熟悉的课堂并暂时加入我们的团队，把自己的热情和经验毫无保留地传递给那些学弟学妹们。

本书的出版得到了同济大学和同济大学设计创意学院出版基金的大力支持，由衷感谢江苏凤凰美术出版社对于笔者的信任和支持，感谢编辑唐凡、焦莽莽的敬业精神和专业努力终使本书付梓成册。

同时，感谢娄永琪教授百忙之中为本书欣然作序，感谢胡飞教授、张磊教授对本出版项目的支持，特别感谢张磊教授的大力推荐，使我们与江苏凤凰美术出版社达成了合作意向。感谢整合媒体设计研究室的同学们的共同协助，特别是邵易萱承担了书籍封面、主要版式和插图的设计以及大量与出版社的联系工作，周艾璇和房方负责了学生作品的图片整理和制图工作，另外朱思瑾对书稿中的英文部分也进行了校对。

毋庸置疑，动态媒体设计依然是一门处在不断发展演变中的新兴交叉学科，本书的成稿过程既是一次如履薄冰般的探险，又是一段不断被新的发现所激励的征程。希望我们的拙著能抛砖引玉，作为大家对这一领域展开持续探索和研究的基础，同时对于书中可能存在的疏漏和谬误，也恳请得到大家的反馈和指正。

吴洁　张屹南

2024年6月2日

图书在版编目（CIP）数据

动态媒体设计 / 吴洁, 张屹南著. -- 南京：江苏
凤凰美术出版社, 2024. 6. -- ISBN 978-7-5741-2058-7

Ⅰ. TP37

中国国家版本馆CIP数据核字第20240FY728号

责 任 编 辑　唐　凡
装 帧 设 计　邰易萱　焦莽莽
责 任 校 对　孙剑博
责 任 监 印　于　磊
责任设计编辑　赵　秘

书　　　名	动态媒体设计
著　　　者	吴洁　张屹南
出版发行	江苏凤凰美术出版社（南京市湖南路1号　邮编：210009）
印　　　刷	南京新世纪联盟印务有限公司
开　　　本	787 毫米×1092 毫米　1/16
印　　　张	13
版　　　次	2024年6月第1版
印　　　次	2024年6月第1次印刷
标准书号	ISBN 978-7-5741-2058-7
定　　　价	78.00元

营销部电话　025-68155675　营销部地址　南京市湖南路1号

江苏凤凰美术出版社图书凡印装错误可向承印厂调换